■プログラムリストのダウンロード

本書で利用するプログラムを、小社のホームページ：書籍案内（新居浜高専 PIC マイコン学習キット Ver.3 完全ガイド）よりダウンロードできます（ダウンロードするにはインターネット接続が必要です）。

【技術評論社のホームページ】

https://gihyo.jp/book/

①「新居浜高専 PIC マイコン学習キット Ver.3 完全ガイド」へ移動

②「本書のサポートページ」をクリック

③利用するファイルを選択

動作環境（OS）：Windows11、Windows10

本書に掲載した回路図、プログラム、技術を利用して製作した場合に生じたいかなる直接的、間接的損害に対して、弊社、筆者、編集者、その他の製作に関わった全ての個人、企業は一切の責任を負いません。あらかじめご了承ください。

■カバーのイラスト
部品の取り付け方においては、キットに同梱されている「取扱説明書」と本書の本文に掲載した方法を参考に行ってださい。

本書では、製品「PIC® マイクロコントローラ」の名称はすべて「PIC マイコン」と略して表記しています。

本書の製作に使用した製品、部品は 2023 年 1 月現在の情報です。

新居浜高専 PICマイコン 学習キット Ver.3

完全ガイド

出口幹雄 著

はじめに

新居浜高専PICマイコン学習キットは、PIC16F84Aを用いた最初のバージョンが、2005年に（株）秋月電子通商から発売され、2014年には、マイコンをPIC16F886に変更して機能拡張したVer.2が出されました。新居浜高専では、これらのキットを電子制御工学科1年生用の実習教材として用いています。これらのキットは、エレクトロニクスの初学者向けの電子工作教材として、本校以外でもさまざまなところで用いて頂いているようで、海外の学校でも使われている、ということも聞いたことがあります。筆者の元には、時折キットについての質問が寄せられますが、自ら考案したものが多くの人に使って頂けていることを知るに及んで、誠に嬉しい限りです。

さて、科学技術は日進月歩で、半導体デバイスも新しく高機能なものが次から次へと開発されてきています。PICマイコンについても、PIC16F886はもはや古いタイプになってしまいました。そこで、これをピン互換のより新しいマイコンに更新することにしました。マイコンは**PIC16F18857**を用いることにしました。元々のキットVer.2のマイコンに内蔵されていたプログラムはそのまま新しいマイコンに移植しましたが、新機種のマイコンはペリフェラル（周辺機能）モジュールが充実して機能が増えたとともに、メモリ容量も大幅に増加しており、元々のキットのプログラムを移植するだけではメモリ容量が非常にもったいないと感じました。

そこで、キットの基板に設けられている、マイコンのプログラムの書き込み（ICSP：In Circuit Serial Programming）用のコネクタを介してパソコンと繋ぎ、パソコンからキーボード操作で対話的にキットの回路を動作させることができる**“モニタプログラム”**を作成することに思い至りました。

このモニタプログラムを搭載した「**新居浜高専PICマイコン学習キットVer.3**」は、もちろん従来のキットVer.2と同様に電子工作の教材として用いることができるほか、モニタプログラムでパソコンと通信しながら、コマンド操作でLEDを点けたり、音を鳴らしたりすることができます。また、Pythonライクなフォーマットで簡単なプログラムを組んで動作させることもできます。従来は、内蔵のプログラム以外のオリジナルのプログラムでキットの回路を動作させるためには、マイコンに書き込まれているファームウェアを書き換えてしまう必要があったのですが、このモニタプログラムを用いることで、ファームウェアを書き換えることなしにオリジナルの動作をさせることができるようになりました。

モニタプログラムが提供するプログラミング機能は、インタプリタとしての動作で速度はあまり速いものではありませんし、機能も原始的なレベルのものに限られていますが、基本的なアルゴリズムは一通り実現できるツールを備えていますので、プログラミングの初歩を学ぶ初学者にとっての教材としては有用でしょうし、そのシンプルさがかえって望ましいのではないかとも思います。自分でハンダ付けして回路を組み立てることができるマイコンキットで、しかも回路を思い通りに動作させるためのプログラミング環境をそれ自身が提供するものという教材は他にはないのではないかと思います。

本書は、この「新居浜高専PICマイコン学習キットVer.3」を100%活用して頂くために、キットの電子回路とモニタプログラムを用いたプログラミングについて解説したものです。エレクトロニクスの基礎とプログラミングの基礎を学習するための教材として用いて頂けたら幸いです。

2023年2月　　出口 幹雄

本書の読み方・使い方

本書は、（株）秋月電子通商にて販売されている「新居浜高専PICマイコン学習キットVer.3」を最大限に活用していただくためのガイドブックです。同キットVer.2とVer.3は、マイコン周りの回路とプリント基板は同じですが、使用しているマイコンが異なり、Ver.3はVer.2のアッパーコンパチブル（上位互換）となっています。Ver.3はVer.2の機能に加えて、パソコンと接続して通信し、コマンド操作で回路を動作させたり、オリジナルのプログラムを組んで動作させたりするためのモニタプログラムを搭載しているところが最大の特徴です。コラム記事に記していますように、Ver.2はマイコンを差し替えることでVer.3にアップグレードが可能です（「COLUMN：Ver.2からVer.3へのアップグレードの方法」参照）。

本書は、Ver.3の回路と、このモニタプログラムを用いたプログラミングの基礎について解説しており、このキットを用いてエレクトロニクスのハードウェアに関する基礎とソフトウェアの基礎を、互いに関連付けながら学ぶことができます。

▲新居浜高専 PIC マイコン学習キット Ver.3

【A】エレクトロニクスの基礎

本書は2部構成で、前半の【A】では、「キットの回路構成」、「用いられている電子部品に関する基礎知識」、「回路のしくみと各部の動作」などについて解説しています。また、電子部品をハンダ付けして組み立てる際の、「ハンダ付けのコツ」についても紹介しています。ただし、一つ一つの部品をプリント基板のどこに取り付けるか、などの組み立ての手順についてはキットに同梱の説明書をご覧ください。

▲「新居浜高専 PIC マイコン学習キット Ver.3」を組み立てた様子

【B】モニタプログラムでプログラミングを学ぼう

後半の【B】では、キットに搭載のモニタプログラムを用いたプログラミングの基礎の学び方について解説しています。モニタプログラム上でのプログラミング環境の仕様はオリジナルのものですが、文法はおおよそPythonのプログラムの記述の仕方に準じています。マイコンのメモリ容量の制約上、モニタプログラムが提供するプログラミングの機能は原始的なレベルにとどまっており、あまり複雑なプログラムを作成して動作させることはできませんが、さまざまなアルゴリズムを実現するために必要な一通りの基本的な機能は備えていますので、プログラミングを学び始める初学者にとってはかえってそのシンプルさがむしろ好ましいのではないかとも思います。

また、プログラムをプログラムとしてだけで捉えるのではなく、キットの回路を動作させながら、ハードウェアとの繋がりに目を留めながら学ぶことができることが、本キットVer.3のモニタプログラム上でプログラミングを学ぶ最大のメリットです。

モニタプログラム

「新居浜高専PICマイコン学習キットVer.3」をパソコンに接続し、TeraTermなどのターミナルソフトの通信機能を使って、パソコン上でプログラミングを行い、キットの回路を動作させながらプログラミングを学習できます。マイコンのフラッシュメモリを書き換えることなしに、自由にプログラミングを楽しむことができます。

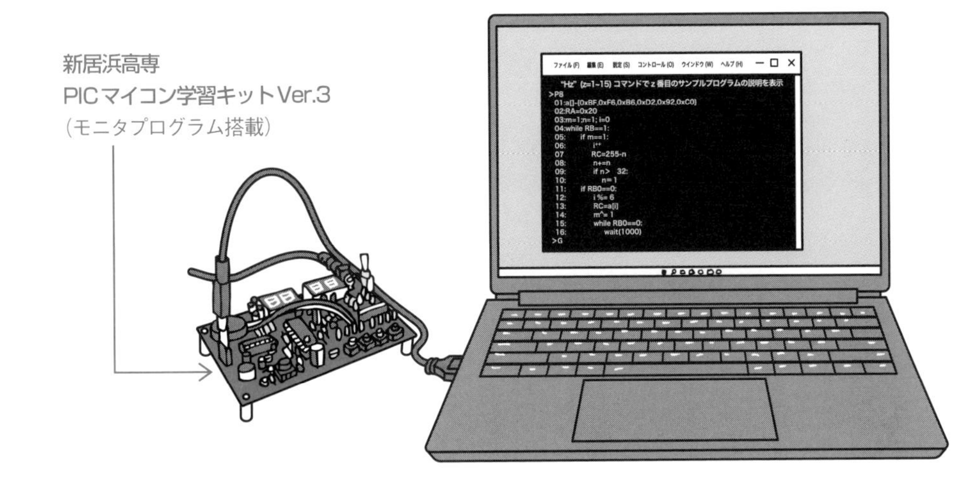

なお、キットの回路をパソコンに接続するための**USBシリアル変換ケーブル、もしくはUSBシリアル変換モジュール**はキットには同梱されていませんので、別途購入が必要です。詳細については本文（**[B1-1] モニタプログラムの起動**）を参照してください。モニタプログラム上で作成したプログラムは、パソコンに保存したり、随時再ロードして実行することができます。ですので、プログラミングを学習する際に必須となるいろいろと試行錯誤しながら繰り返すという過程を、マイコンのプログラムメモリ（フラッシュメモリ）の寿命を気にすることなく、何度でもプログラムを書き換えて実行して動作を試しながら体験することができます。

なお、本書ではPICマイコンのプログラムメモリに書き込んで動作させるC言語のプログラムについては解説していません。これについて学びたい方は、他の関連書籍やインターネット上の情報をご覧ください。

Let's プログラミング

「[B2] プログラミングの基礎」では、各節の解説の最後に**【Let's プログラミング】**というコーナーを設けています。[B2] の各節で学習したことを踏まえて、実際にプログラムを自分で考えて試してみてください。プログラムの例は**【付録】**に掲載しています。

目 次

A4 マイコンと周辺回路の働き 48

A5 エレクトロニクスの Tips 67

B モニタプログラムでプログラミングを学ぼう 79

B1 モニタプログラムのコマンド操作 80

付録 133

エレクトロニクスの基礎を学ぼう

2014年から（株）秋月電子通商で販売されてきた「新居浜高専PICマイコン学習キットVer.2」は、2022年8月から、マイコンを新しい製品に替えてVer.3として販売されることになりました。Ver.3は、マイコンの周りの回路はVer.2と同じで、Ver.2の16種類の機能を全て含んでいる他、パソコンと接続して通信をしながら、コマンド操作で回路を動作させたり、オリジナルのプログラムを組んで動作させたりすることができる**モニタプログラム**を搭載しています。ここでは、このVer.3の回路について詳しく見て行きましょう。

A1 新居浜高専 PIC マイコン学習キット Ver.3 の概要

A1-1 キットの構成と機能

用語解説

・PIC マイコン
米 Microchip Technology 社が供給しているマイコン。

・I/O
Input（入力）／Output（出力）のことで、コンピュータの内部と外部の間の窓口にあたる。コンピュータに情報を取り込むことを**入力**、コンピュータから外部に信号を出すことを**出力**という。

「新居浜高専PICマイコン学習キットVer.3」を組み立てた様子を**図A1.1**に示します。28ピンのPICマイコンPIC16F18857のI/Oピンをフルに使って、**図A1.2**に示す周辺回路を1枚のボードに収め、16種類の遊び方ができます。パソコンと繋（つな）ぎモニタプログラムで回路を動作させる使い方については、後半の「**【B】モニタプログラムでプログラミングを学ぼう**」で詳しく説明します。

【A】では、キットを組み立てるために必要な基礎知識やコツについて解説していますので、組み立てる前に一度目を通してください。プリント基板のどこにどの部品を取り付けるかなどの組み立ての手順については、キットに同梱の説明書をご覧ください。

教えて

部品を取り付ける順序に決まりはありますか？

〔回答〕

特に決まりはありませんが、基本的な手順としては、なるべく背丈の低い部品から先に取り付ける方がよいでしょう。極性のある部品、向きが決まっている部品については、取り付ける向きに注意することはもちろんですが、抵抗もなるべくカラーコードの向きを揃えておく方が、見た目も美しく後から確認するのも楽になります。

また圧電ブザーは、耳の穴にリード線を通して固定するのですが、このリード線をハンダ付けすると、熱で

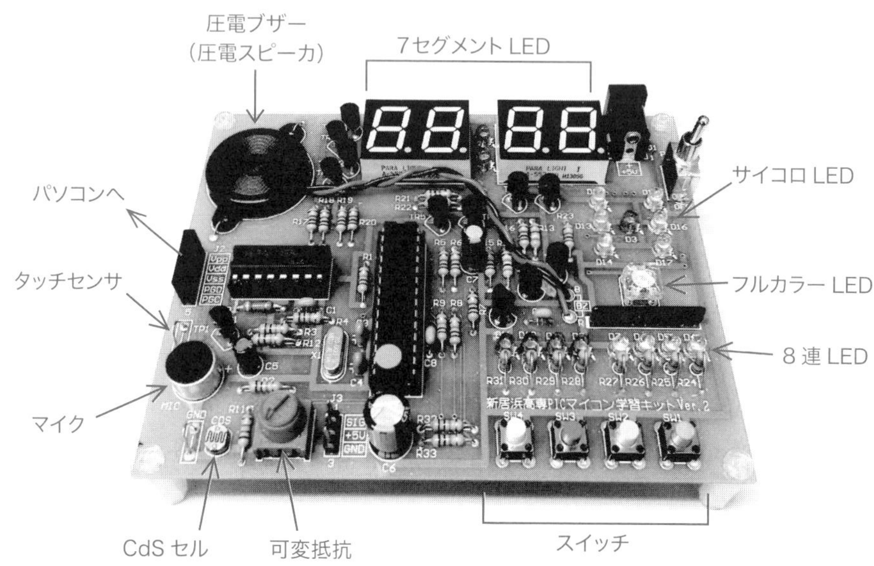

▲図 A1.1 「新居浜高専 PIC マイコン学習キット Ver.3」を組み立てた様子

プラスチックがすぐに融けてしまいますので注意してください。ハンダ付けせずに、裏でねじって止めておくので構いません。あるいは、圧電ブザーを両面テープで基板に貼り付けるのでもよいでしょう。

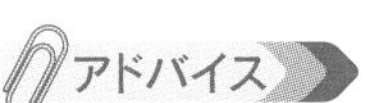

キットを動作させるには、5V の AC アダプタが必要です（**AC アダプタ：5V**、2A、**センタープラス**）。

AC アダプタを基板の DC ジャックに差し込んで使用します。

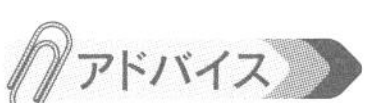

RC サーボを動かすには、電流容量 2A 以上の AC アダプタをおすすめします。

5V、センタープラスの AC アダプタを接続してください。

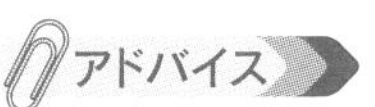

水晶振動子を付け替えるためには、20MHz の振動子を一旦外さなければなりませんが、キットの基板はスルーホール基板なので、ハンダ吸い取り器などでハンダを取り除くことが困難です。基板をバイスなどで固定した上で、裏からハンダを融かしながら、部品を引き抜く必要があるでしょう。

マイコンを差し替えるためにソケットから外すとき、指で引き抜こうとすると怪我をします。小さなドライバを隙間に差し込んで、テコの原理で少しずつ持ち上げるようにして外してください。あるいは、IC 引き抜きの専用工具を用いてください。

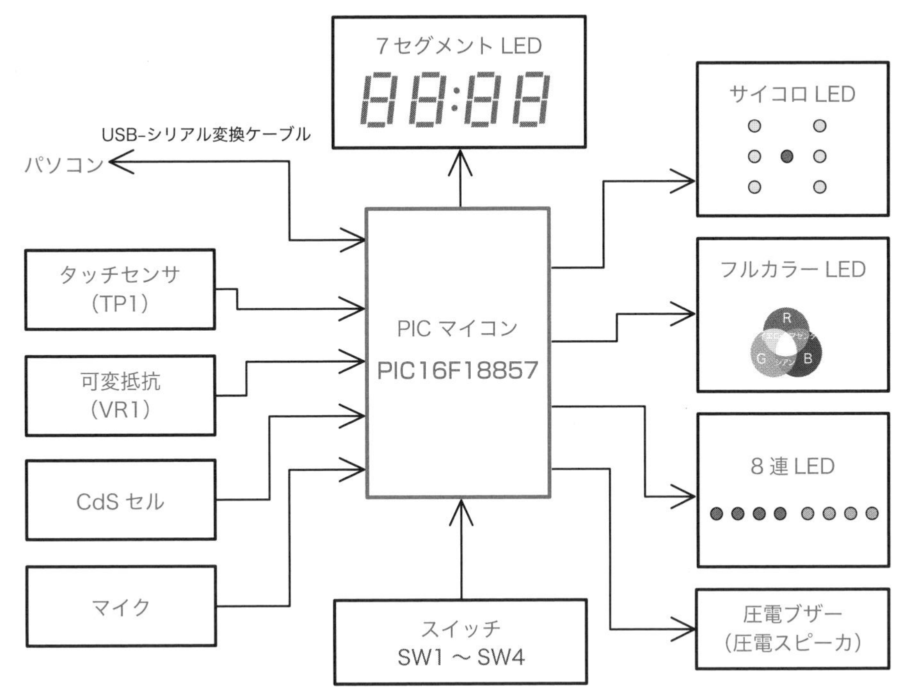

▲図 A1.2　キットの回路構成

COLUMN Ver.2 から Ver.3 へのアップグレードの方法

新居浜高専 PIC マイコン学習キット Ver.2 ではマイコンに **PIC16F886** が使われており、**表 A1.1** の 16 種類の機能のプログラムが内蔵されています。一方、2022 年発売の Ver.3 ではマイコンに PIC16F18857 を使用し、16 種類のプログラムに加えて、パソコンと接続して対話式に操作したり、プログラムを組んで動作させたりすることができる**モニタプログラムを搭載**しています。

Ver.2 から Ver.3 へのアップグレードは、クロック発振のための水晶振動子を 8MHz のものに付け替えて、マイコンを PIC16F18857 に差し替えるだけで可能です。Ver.3 のマイコンに書き込まれているプログラム（ファームウェア）の HEX ファイルは、技術評論社の Web サイト（書籍案内）から入手することができます。

①技術評論社の Web サイト（書籍案内）

②本書「新居浜高専 PIC マイコン学習キット Ver.3 完全ガイド」へ移動

③『本書のサポートページ』をクリック

④利用するファイルを選択

HEX ファイルをマイコンに書き込むには、別途プログラミングツール（PICkit や MPLAB SNAP 等）が必要です。

参考

Ver.3 単体で、これら16種類の機能を利用、操作が可能です。

用語解説

・ファームウェア
機器の動作を制御するために、機器の中に組み込まれているソフトウェアのこと。機器の電源投入と同時に起動する必要があるので、不揮発性メモリ（フラッシュメモリなど）に書き込まれている。

用語解説

・ICSP
不揮発性メモリを回路から一旦外すことなく、回路の中に組み込まれたままの状態で、プログラムのデータを少数の信号線を通じてメモリに書き込むこと。
・USB シリアル変換
シリアル通信というと、通常、RS-232C の調歩同期式シリアル通信を指すと考えてよい。
Windows の場合、COM ポートと呼ばれるのがそのための通信窓口である。
・コマンド操作
装置と通信しながら対話的に操作する環境において、装置に対する指示を**コマンド**という。

▼**表 A1.1　キットに内蔵の 16 種類の機能**

SW4	SW3	SW2	SW1	機能	SW4	SW3	SW2	SW1	機能
–	–	–	–	デジタル時計･モニタ	ON	–	–	–	もぐらたたき
–	–	–	ON	2 進数のカウント	ON	–	–	ON	ミニテルミン
–	–	ON	–	Wave	ON	–	ON	–	目覚まし鳥
–	–	ON	ON	電子ピアノ	ON	–	ON	ON	電子サイコロ
–	ON	–	–	タッチアラーム	ON	ON	–	–	音スイッチ
–	ON	–	ON	電子すず虫	ON	ON	–	ON	A/D コンバータ
–	ON	ON	–	イリュージョンライト	ON	ON	ON	–	RC サーボ
–	ON	ON	ON	キャンドルライト	ON	ON	ON	ON	タイマー

キットに同梱されているマイコンには、既にプログラム（ファームウェア）が書き込まれており、電源投入時に、4つあるスイッチのON ／ OFFパターンで**表A1.1**の16種類の機能を選択することができます。

PICマイコンにプログラムを書き込むには、通常PICkitやMPLAB SNAP等のプログラミングツールを用いて、ICSP（In Circuit Serial Programming）で書き込みをしますが、ここではマイコンに既に書き込まれているプログラムを書き換えることはしません。

Ver.3では、**表A1.1**のプログラムのほかに、このICSP用のコネクタ（J2）を介して、USBシリアル変換ケーブルでパソコンと繋ぎ、パソコンと通信しながらキットの回路を操作するための**モニタプログラムを搭載**しています（「**[B1-1] モニタプログラムの起動**」参照）。

このモニタプログラムを使うと、コマンド操作でマイコンの入出力を操作したり、PICマイコンのプログラムを書き換えることなく、自分で簡単なプログラムを組んで動作させたりすることができます。これについては、**【B】**で詳しく解説します。

A1-2 キットに使用しているマイコン

マイコン（マイクロコンピュータ）は、コンピュータの頭脳であるCPU（Central Processing Unit：中央処理装置）や、プログラムやデータを記憶するためのメモリ、外部の回路との信号のやり取りをするためのI/O（Input/Output：入出力装置）などをLSI（Large Scale Integrated-Circuit：大規模集積回路）にまとめたものです。CPUとメモリとI/Oが、コンピュータを構成する核となる要素ですが、一般にマイコンには、これらの他にさまざまな機能をサポートするための周辺機能モジュールが内蔵されています。

用語解説

・SRAMとEEPROM

メモリのデータの記憶場所を表す番地をアドレスと呼び、どのアドレスにも随時アクセスできるメモリをRAM（Random Access Memory）と呼ぶ。一度データを書き込むと電源が入っている限りデータを記憶しているのがSRAM、データが消えないように常にリフレッシュ動作が必要なのがDRAM、電源を切ってもデータが消えないのがEEPROM。

キットVer.3に使用しているMicrochip Technology社の8bitマイコンPIC16F18857は28pinのLSIで、主な仕様は次の通りです。

クロックスピード	：最大32MHz
プログラムメモリ	：32768Words
データSRAM	：4096bytes
EEPROM	：256bytes
I/O pins	：25
主な周辺機能モジュール	：Timer、10bitADC、CLC、CCP、SMT、NCO、5bitDAC、EUSART

マイコンにはさまざまな機能モジュールが内蔵されていますが、本キットで使用しているのは、Timer、10bitADC、EUSARTです。

マイコンの機能についての詳しいことは、Microchip Technology社が提供しているデータシートを参照してください。

参考

ポート（port）とは港のこと。I/Oは、データが出入りする港という意味。

マイコンのピン配置

マイコンのピン配置は**図A1.3**のようになっています。

I/O（入出力）ピンは、Aポート、Bポート、Cポートの3つのグループに分かれており、それぞれRA0～RA7、RB0～RB7、RC0～RC7の8本の信号線を持っています。ただし本キットの回路では、RA6とRA7はクロックの発振のために、RB6とRB7はパソコンとの通信のために使用しています。

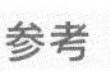

参考

I/Oは、ポート（Port）と呼ぶので、AポートならPAと表すのが自然ですが、PICマイコンではRAと読んでいます。PではなくRを使うのは、おそらく、ポートを出入りするデータを記憶しておくためのレジスタ（register）を意識しているためと思われます。レジスタとは、データを一時的に記憶しておくための、比較的容量の小さな（一般には数bit長の）メモリのことです（**[B1-2]**のコラム「PICマイコンのI/Oピンの名称」参照）。

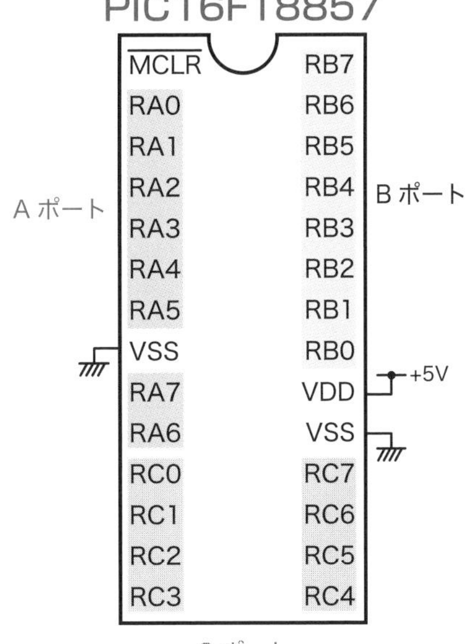

▲図A1.3　PIC16F18857のピン配置

用語解説

・クロック

コンピュータの回路各部が歩調を合わせて動作するために必要な、一定周期の基準信号をクロックと呼ぶ。一般には、クロックの周波数が高いほど処理速度は上がる。

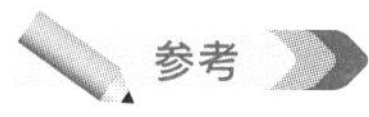

Ver.2のPIC16F886にはモニタプログラムの機能はありません。

コラムに記しましたように、Ver.2に用いられているマイコンはPIC16F886ですが、Ver.3のPIC16F18857はこれとピン互換ですので差し替えが可能なわけです（Ver.2のPIC16F886にはモニタプログラムの機能はありません）。

A1-3 キットの電子回路

図A1.2に示した構成の本キットの回路は、図A1.4に示す通りで、マイコンのI/Oピンの割り当ては表A1.2の通りです（「[B3-1] マイコンのピンアサイン」参照）。

・ピンアサイン
各 I/O ピンをどういう使い方に割り当てるかということ。

アドバイス
PIC マイコンは、クロックの発振回路を内部に持っていますが、本キットでは、デジタル時計の動作の際にできるだけ精確に時間を刻めるように、水晶発振でクロックを生成するようにしています。

▼表 A1.2　マイコンの I/O ピンの割り当て

ポート	ピン	入出力	用途
A ポート	RA0	アナログ入力	VR1（可変抵抗）の電圧
	RA1	アナログ入力	CdS の電圧
	RA2	入力	マイク入力
	RA3	出力	点灯させる LED グループの選択（※）
	RA4	出力	点灯させる LED グループの選択（※）
	RA5	出力	点灯させる LED グループの選択（※）
	RA6	—	(クロックの発振に使用)
	RA7	—	(クロックの発振に使用)
B ポート	RB0	入力	SW1
	RB1	入力	SW2
	RB2	入力／出力	SW3、サウンド出力時はチャージ信号
	RB3	入力／出力	SW4、サウンド出力時はディスチャージ信号
	RB4	出力	サウンド信号
	RB5	入力	タッチポイント TP1 の信号
	RB6	出力	パソコンへの送信信号（TxD）
	RB7	入力	パソコンからの受信信号（RxD）
C ポート	RC0	出力	それぞれ対応する LED の ON ／ OFF
	RC1	出力	
	RC2	出力	
	RC3	出力	
	RC4	出力	
	RC5	出力	
	RC6	出力	
	RC7	出力	

（※）RA3 ～ RA5 の機能については、表 B1.1 を参照。

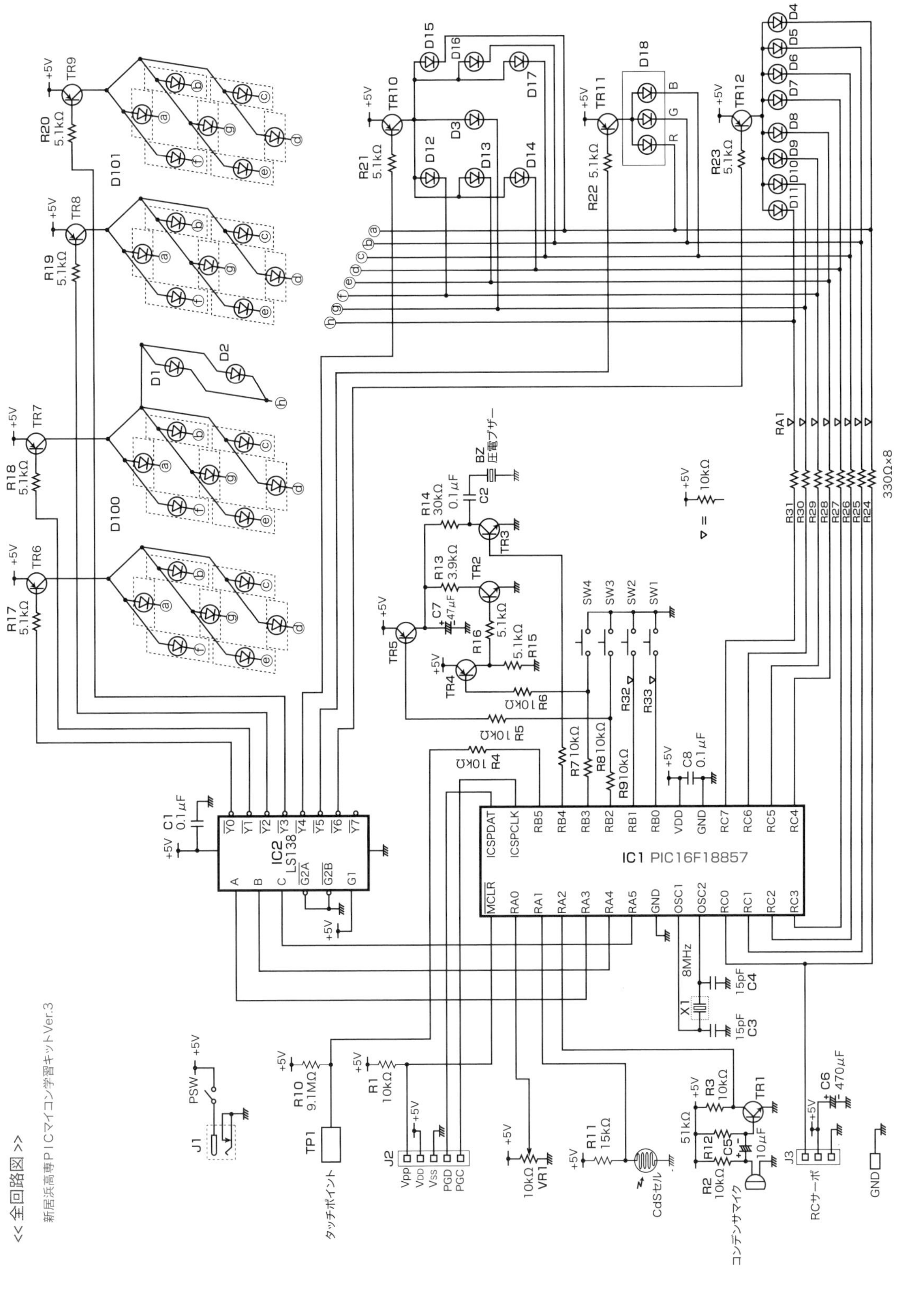

<< 全回路図 >>

新居浜高専PICマイコン学習キットVer.3

▲図 A1.4　キットの全回路図

A1-4 内蔵プログラム

マイコンに書き込まれているプログラム（ファームウェア）の機能と操作方法は次の通りです。電源をONする際に、ボードのSW1～SW4のどれを押さえているかによって、起動するプログラムを選択します。

Ver.3の基板単体でも、以下の⓿～⓯のプログラムを楽しむことができます。

もちろん、Ver.3の最大の特徴である「モニタプログラム」を利用しての学習も可能です。詳しくは【B】部をご覧ください。

用語解説

・ターミナルソフト
パソコンを、別のコンピュータをホストとして、それと通信しながらホストのコンピュータを操作する端末（ターミナル）として使う使い方を提供するアプリケーションソフトウェアのこと。「TeraTerm」は、その代表的なフリーウェア。

→［B1-1］モニタプログラムの起動

⓿ デジタル時計・モニタプログラム（電源投入時に押すスイッチ：なし）

SW4を押しながら、SW3で時間、SW2で10分の位、SW1で1分の位を合わせます。単純なデジタル時計です。

【モニタプログラムの起動方法】

デジタル時計の状態でSW1、SW2、SW3の３つを同時押しすると、モニタプログラムが起動します（ICSP用の端子（J2）からUSBシリアル変換ケーブルでパソコンと繋ぎ、パソコン側はTeraTermなどのターミナルソフトを立ち上げておいてください）。

「電源投入時に押すスイッチ」とは、この場合なら「SW1」を押しながら、電源を入れるという意味です。

❶ 2進数のカウント（電源投入時に押すスイッチ：SW1）

8つ並んだLED（D4～D11）が、SW1でカウントアップ、SW2でカウントダウン、SW3でリセット、SW4で1秒ごとに自動カウントアップがスタート／ストップします。

なお、7セグメントLEDには16進数で表示（0、1、2、3、4、5、6、7、8、9、A、b、C、d、E、F）されます。

参考

コンピュータはプログラムに従って動作するものなので、決められた動作を高速に正確に実行することは得意ですが、ランダム、つまり「適当にやって」と言われるのが苦手です。

プログラムで疑似的なランダムを作り出すことも可能ですが、本キットでは本当に完全なランダム、つまり値がどうなるか全く予想が付かないという状態を実現しています。

❷ Wave（電源投入時に押すスイッチ：SW2）

8つ並んだLED（D4～D11）が波打つように光ります。波の揺らぎは完全ランダムです。

❸ 電子ピアノ（電源投入時に押すスイッチ：SW2、SW1）

GND端子（CdSセルの隣にあるGND端子）をミノ虫クリップでくわえ、8つ並んだLED（D4～D11）の下の330Ωの抵抗（R31～R24）の足を触ると、ドレミファソラシドが鳴ります（**注意：他のプログラム動作時にはこの操作をしないでください**）。

❹ タッチアラーム（電源投入時に押すスイッチ：SW3）

タッチポイント（TP1）を手で触るとアラームが鳴ります（圧電スピーカからアラーム音が出ます）。感度が悪い場合は、タッチポイントと同時にGND端子を触ってください。アラームは電源をOFFするまで鳴り止みません。

アドバイス

手が乾燥していると感度が悪いことがあります。

❺ 電子すず虫（電源投入時に押すスイッチ：SW3、SW1）

すず虫音が鳴ります（圧電スピーカから出力）。鳴き止んでいる間にCdSを覆って暗くすると、コオロギ音と入れ替わります。

アドバイス

すず虫音は20～25秒間隔で鳴きます。鳴きやんだところでCdSを手などで覆って暗くしてみてください。

❻ イリュージョンライト（電源投入時に押すスイッチ：SW3、SW2）

フルカラーLED（D18）がさまざまな色に光ります。色の変化は完全ランダムです。透明なラッピングフィルム（お菓子のラッピングフィルムなどを利用）をクシャクシャにしたものをフルカラーLEDに被せて光を散乱させると、美しいイリュージョンライトが楽しめます。

❼ キャンドルライト（電源投入時に押すスイッチ：SW3、SW2、SW1）

フルカラーLED（D18）が黄色に光り、疑似的1／f揺らぎで明るさがゆらめきます（ろうそくに見立てています）。ときどき、明るさが急激に変化します。白いシート状の発泡梱包材（薄いシート状の緩衝材）などの光を拡散するシェードを付けた方が、ろうそくの行灯ぽくなり雰囲気が出ます。

用語解説

・1／f 揺らぎ

揺らぎの強さが周波数（f）に反比例して、ゆっくりの揺れは比較的大きく、素早い振動は小さく細かく、という特徴を持つ揺らぎのこと。風にそよぐ木の葉の揺れ、炎の揺らぎなど、一般に自然界の多くの振動はこの特徴を持ち、人に心地よさを感じさせると言われている。

注意

イリュージョンライト、キャンドルライトで使用しているフルカラーLEDは、かなり高輝度で明るく光りますので、LEDを直視しないでください。

❽ もぐらたたき（電源投入時に押すスイッチ：SW4）

8つ並んだLED（D4～D11）の光る箇所を（つまり光っている個所がモグラが頭を出している場所）、0～7の3bitの2進数（001、010、…、111）で表したときに、1になる桁をSW1～SW3を押して答えます（例えば、5番目のLEDなら101で、SW1とSW3を同時押しする）。なお、右端が光ったとき（つまり000で0のとき）はSW4を押します。

正解なら“ピン・ポン”、間違ったら“ブー”音が鳴ります。正解数を7セグメントLEDに表示します。

```
 7   6   5   4   3   2   1   0
 ○   ○   ○   ○   ○   ○   ○   ○
D11                          D4
```

（例） 5 → 101 → SW3＋SW1
⋮
7 → 111 → SW3＋SW2＋SW1

【もぐらたたきのコツ】

スイッチを押してすぐ離してしまうと、正解しても“ブー”音が鳴ります。0.5～1秒ほど押してから離すようにしてください。

❾ ミニテルミン（電源投入時に押すスイッチ：SW4、SW1）

明るさに応じて音の高さが変化する電子楽器です。CdSを手で覆って暗くするほど音が高くなります。音の高さが8つ並んだLED（D4～D11）にバーグラフが表示されます。

❿ 目覚まし鳥（電源投入時に押すスイッチ：SW4、SW2）

一旦暗くなってから明るくなると、“ピヨピヨ”音が圧電スピーカから鳴り始めます。鳴る間隔はランダムです。

⓫ 電子サイコロ（電源投入時に押すスイッチ：SW4、SW2、SW1）

SW1でスタート／ストップさせます。サイコロの目に並んでいるLED（D3、D12～D17）に値が表示されます。

⓬ 音スイッチ（電源投入時に押すスイッチ：SW4、SW3）

マイクの近くで手をパンと叩くと、8つ並んだLED（D4～D11）の光る位置が左にシフトします。SW2を押すと、フルカラーLED（D18）の色が変わります（赤 → 緑→ … → 白 → 消灯）。SW3を押すと、手を叩いた回数を7セグメントLED（D101）に表示します。SW1で8つ並んだLED（D4～D11）のシフトに戻ります。

⓭ A/D コンバータ（電源投入時に押すスイッチ：SW4、SW3、SW1）

VR（VR1）のツマミを回すとレベルに応じて、A/D変換した結果を0～1023の値で7セグメントLEDに表示します。同時に8つ並んだLED（D4～D11）にバーグラフで表示します。

> 注意
>
> RC サーボは別途購入してください。
>
> **RC サーボによっては、3pin のソケットの信号の並びが J3 と適合しないものがあります**ので注意してください。

⓮ RC サーボ（電源投入時に押すスイッチ：SW4、SW3、SW2）

RCサーボの3pinのソケットをJ3に挿します。このとき向きに注意してください。VR（VR1）のツマミを回すと、ツマミの角度に応じてRCサーボが回転します（RCサーボによっては、電源のACアダプタには容量の大きなものを用いる必要があります）。

> アドバイス
>
> 4 つのスイッチを同時に押せていないと、別のプログラムが立ち上がってしまいます。
>
> タイマーのプログラムが立ち上がると、7 セグメント LED は、
>
> 0：00
>
> と表示されます。

⓯ タイマー（電源投入時に押すスイッチ：SW4、SW3、SW2、SW1）

まず、タイマーの設定時間をセットします。SW4を押しながら、SW3で時間、SW2で10分の位、SW1で1分の位をセットしてください。SW1でスタート／ポーズです。一旦スタートさせると、設定時間は変更できません。残り時間がゼロになるとアラームが鳴ります。アラームは電源OFFまで鳴り止みません。最大99時間59分までセットできます。時間のカウント中は、サイコロの目のLEDが1秒ごとに点滅します。

A2 ハンダ付けの要領

注意

部品表、部品の配置図は、キットに同梱されている取扱説明書をご覧ください。

キットには、回路の組み立てに必要な部品が全て同梱されています。部品の一覧表や、基板上の部品配置などについてはキットに同梱の取扱説明書をご覧ください。本書では、ハンダ付け作業を行う際の注意点と手順について説明します。

A2-1 ハンダ付けとは

アドバイス

ハンダ付けが完了し、電源をつないでスイッチをON。あれ、動かない。なんてことがよくあります。

実は、この原因の多くははんだ付けの不良からきています。ここでハンダ付けのことをしっかり学習しておきましょう。

電子回路を組み立てるには、ハンダ付けの作業が不可欠です。組み立てたものがうまく動くかどうかは、ハンダ付けがうまくできるかどうかと直結しています。体を使う作業をうまくこなすには、理論的な側面を理解して、そのコツを頭に入れて練習を重ねることが重要です。

ハンダとは、スズ（錫）を主成分とする合金です。かつては鉛が多く含まれるものでしたが、近年は鉛フリーのハンダが主流になっています。

“ハンダ”は、いわゆる接着剤とは異なります。スズという金属は、融点が非常に低い（232℃）ことと、多くの他の金属と馴染(なじ)んで合金を作る特徴があります。

一方、電子部品のリード線や、プリント基板の配線パターンに使われている金属は銅です。10円玉の材質も銅です。私達がイメージする10円玉の色はだいたい茶色ですが、本来純粋にキレイな銅の表面はピンク色に近い色です。これが茶色く見えるというのは、表面が酸化している（錆(さ)びている）からです。銅は非常に酸化しやすい金属だからです。そこで、普通は導線などはスズやニッケルなどで表面をメッキしてあります。

アドバイス

ハンダ付けは重要です。

図A2.1のようなきれいなハンダ付けを心がけましょう。

参考

「新居浜高専PICマイコン学習キットVer.3」には、両面スルーホール基板が同梱されています。

ハンダ付けは、加熱されて融けたスズが、銅でできた母材の表面に接触することで、母材の表面部分の原子とスズの原子が一部入れ混じった“合金層”を形成することにより接合するという技術です（**図A2.1**）。

上手にハンダ付けができると、一般的には**図A2.1**のようにハンダが富士山のような形に固まるのが理想的です。ただし、本キットのプリント基板は、両面スルーホール基板で、穴の側壁にも銅箔がありますので、融けたハンダは穴の中にも入っていき、山のように盛り上がらないことがあるので注意してください。

ハンダ付けとは....

ハンダ····スズ(錫)を主成分とする合金

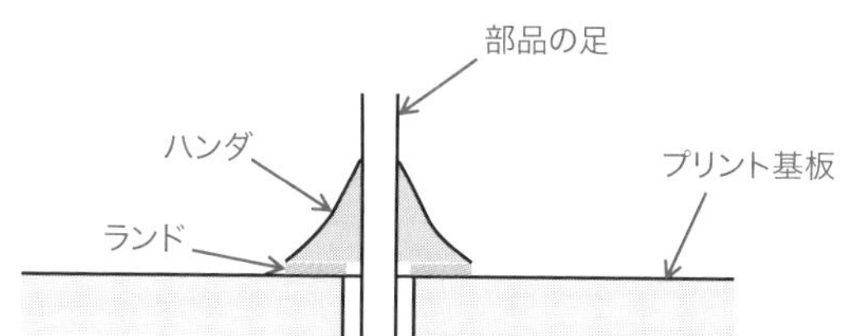

（ランド：プリント基板の穴のまわりの銅箔領域）

ハンダが
富士山の裾野のように広がっている
のが上手にくっついている目安。

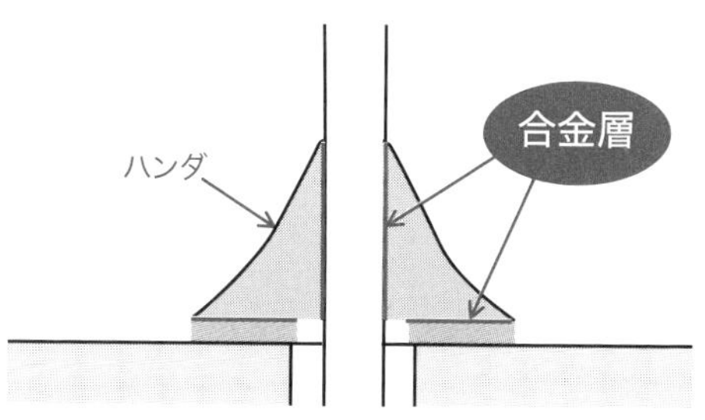

ハンダ付けとは、
くっつけたいもの（材質は銅）の表面に
ハンダとの"合金層"を作ること。

▲図 A2.1　ハンダ付けとは

COLUMN よくないハンダ付けの例

・いもハンダ

母材の加熱不足のため、ハンダが母材と接していても合金層が十分に形成されていない状態。

・ハンダブリッジ

隣り合うハンダ付け箇所が、ハンダで繋がってショートしてしまっている状態。

・ハンダ過多

融けたハンダを供給し過ぎて、ランドの上にしずく状に盛り上がった状態。スルーホール基板の場合は、ハンダが部品面側にはみ出すことがある。

A2-2 ハンダ付けのコツ

> **アドバイス**
> ハンダ付けするところをあまり手で触らないようにするもう一つの理由は、電子部品の中には静電気に弱いものがあるからです。人体は、多かれ少なかれ必ず静電気を帯びています。
> キットの部品の一部は黒いスポンジにささっています。この黒いスポンジは導電性スポンジで、静電気を逃がす働きがあるものです。

“ハンダ付け”がすなわち「合金を作ること」だということを理解すると、自ずと（おの）そのコツが見えてきます（図A2.2）。

まず一つは、ハンダ付けをする対象物の表面をキレイにしておくことです。表面に邪魔物があると、融けたスズが母材に接触できません。ですから、ハンダ付けする材料はあまり手でベタベタ触らないように注意が必要です。手で触ると、必ず皮脂が表面に付着します。

もう一つは、合金ができるに十分な温度まで加熱するということです。

ところが難しいのは、電子部品は小さいので熱容量も小さく、すぐに温度が高くなってしまうし、また熱に弱いものも多いということです。十分に加熱して温度を上げなければいけないけれども、だからといってやり過ぎるとマズいということです。だからこそ練習して頃合いをつかむことが重要なのです。

ハンダ付けのコツ

・表面をキレイにする
・十分に加熱する

! 電子部品は熱に弱い

▲図A2.2　ハンダ付けのコツ

> **アドバイス**
> フラックスは、ハンダ付けをするときには不可欠なものですが、ハンダ付けが終わった後、フラックス残渣をそのままにしておくといろいろと不具合を生じることがありますので、ハンダ付け後はフラックスを取り除いておくのがベターです。専用のフラックス除去剤もありますが、アルコール（エタノール）で洗い流すこともできます。

> **アドバイス**
> 糸ハンダを切るときは、必ずニッパを使って切りましょう。柔らかいからといって、引きちぎったりすると、チューブ状の形が崩れてしまいます。

もう一つ、ハンダ付けの際に忘れてはならないことは**フラックス**の役割です。いくら材料の表面をキレイにしても、空気と接触している限り、必ず表面は酸化しています。加熱して温度が上がるとなおさらです。この表面の酸化膜はハンダ付けの際の邪魔物になります。“フラックス”は融けたハンダと一緒に流れて行くことで、母材の表面の酸化膜を溶かして除去してくれます。そこに融けたハンダ（スズ）がやってくるので母材と接触して合金を形成できるのです。

一般に、電子工作のハンダ付けに使うハンダは**糸ハンダ**と呼ばれる柔らかい針金状のものです。しかし、糸ハンダは単にハンダを糸状にしたものではありません。実は、**図A2.3**に示すように、ハンダはチューブ状になっており、チューブの穴の部分にフラックスが充填されているのです。ですから、一度融けて固まったハンダは、このチューブ状の形が崩れてしまってフラックスが含まれていませんから、もはやハンダ付けに使うことはできません。

忘れてはならないこと

・ハンダ付けには
　フラックスが不可欠

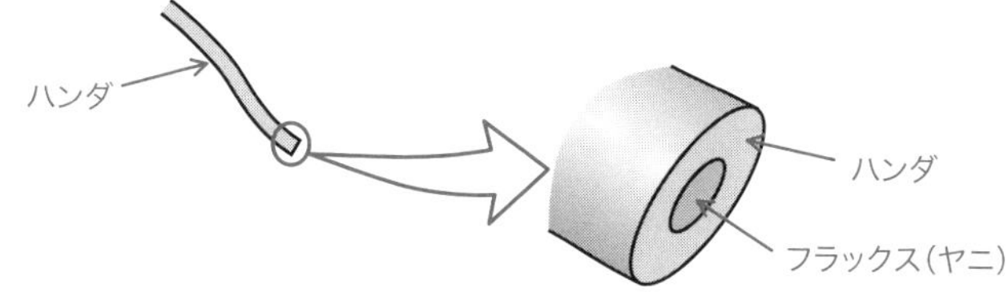

糸ハンダはチューブ状になっており、
中にフラックスが入っている。

ハンダが融けたとき、
フラックスも一緒に流れ出て、
くっつけるものの表面の酸化膜を溶かす。

一旦融けて固まったハンダは、
フラックスを含んでいないので、
ハンダ付けには使えない！

▲図 A2.3　フラックスの役割

COLUMN ハンダ付け不良の修正方法

いもハンダやハンダブリッジの状態になってしまったときは、もう一度新しいハンダを少し融かして供給してみましょう。このとき、同時にフラックスも供給されて改めて合金層の形成が進み、融けたハンダの表面張力でブリッジが外れます。ハンダゴテのコテ先の状態が良好であれば、余分なハンダはコテ先の方に乗って、ハンダ付け箇所には適度なハンダが残ります。ただし、供給し過ぎるとハンダ過多になってしまいますので注意してください。ハンダ過多になってしまった場合は、ハンダ吸い取り線（フラックス含浸銅網線）で余分なハンダを吸い取りましょう。

A2-3 ハンダ付けの基本手順

注意

キットのプリント基板は両面スルーホールの基板で、部品の足を通す穴の側壁にも銅箔があり、穴の中までハンダがしみ込んで行きますので、**図 A2.1** のような、いわゆる"富士山"のような形に盛り上がらないことがあります。

盛り上がって来ないからといってハンダをたくさん融かし過ぎると、裏（部品面側）にしずくのようになってはみ出てしまうことがありますので注意してください。

以上のことを頭に入れてハンダ付けの際の要領をまとめると、基本手順は**図 A2.4** に示すようになるでしょう。図に示した各工程のタイミングを示す時間の長さはあくまでも目安です。

ハンダゴテはあくまで「加熱器」であって、熱を伝えるための道具ということを意識しながら練習しましょう。熱を伝えるためにはハンダを融かしている間はジッとして動かさないというのがポイントです。

また、ハンダゴテのコテ先の状態に注意をはらってください。特に、鉛フリーのハンダを使用している場合は、コテ先が酸化しやすいので気を付ける必要があります。うまくハンダ付けができるためには、コテ先がハンダに"濡れる"状態をキープすることが必要です。コテ先がハンダに濡れることで、ハンダゴテの熱が融けたハンダを通じて対象物に伝わり、効率的に加熱が進んで、その結果うまくハンダ付けができるようになります。しかしコテ先が酸化すると、ハンダが融けても玉のようになってはじかれてしまいうまく熱が伝わりません。

鉛フリーのハンダを使っている場合

アドバイス

温度制御ができるハンダゴテには、コテを休めている間は自動的に温度を下げて酸化を防止する機能を持つものもあります。

鉛フリーのハンダを使っている場合は、コテを休めている間コテ先のハンダを拭ってキレイにした状態で高温のままにしておくと、すぐに酸化が進んでしまいます。ですからコテをしばらく休めるときは、コテ先に余分なハンダを融かして付けて、コテ先を十分にハンダで濡れた状態にしておくのがベターです。次にコテを使うときには、コテ先のこの余分なハンダは取り除いてからハンダ付けをします。

ハンダ付けの基本手順

(1)ハンダ付けする位置をよく確認する。

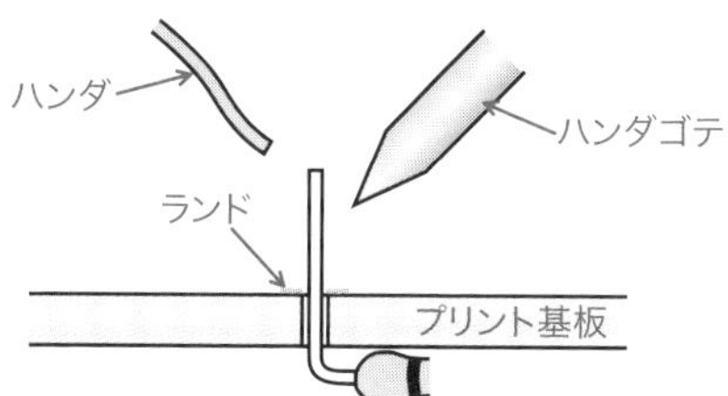

(2)コテ先の横面を当てて
くっつけるものに熱を伝える。

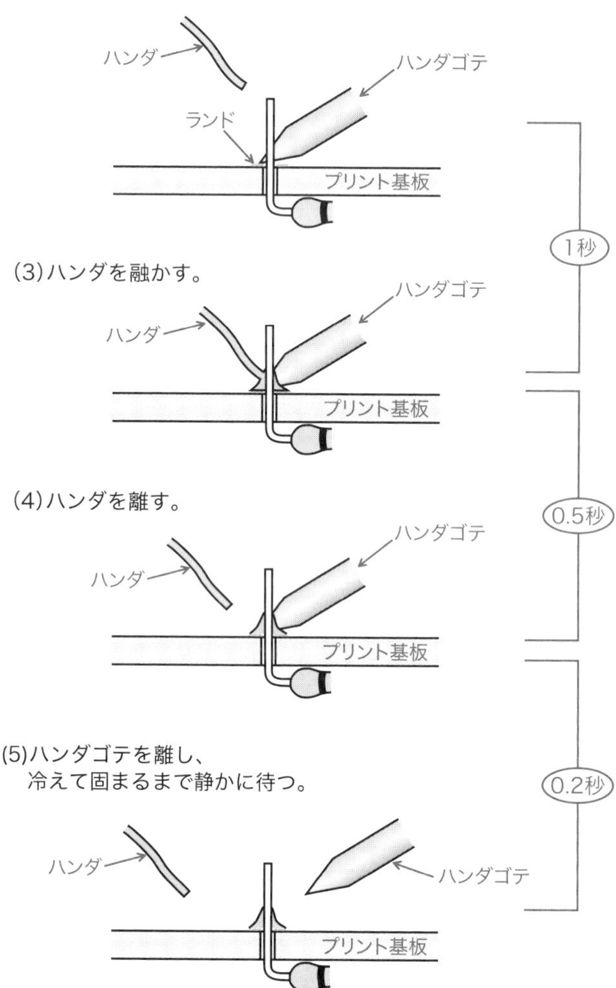

▲図 A2.4　ハンダ付けの基本手順

ハンダ付けが終了したら、余分なリード線をニッパでカットして完了です。

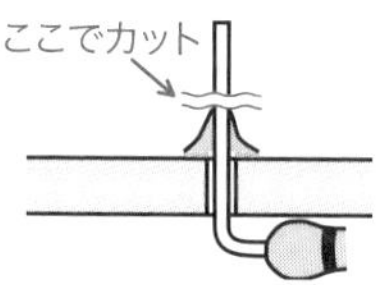

切れ端が飛んでいかないように、カットするときはリード線を手で押さえておきましょう。

なお、カットしたリード線の切れ端は、本キットでは TP1、GND の端子として利用するために数本は残しておくようにします。

A3 電子部品の基礎知識

キットに使用している電子部品の働きや特徴について確認しておきましょう。各電子部品の性質や特徴、動作原理などについて、また、部品には極性があるものがあって、取り付ける際には向きに注意する必要があるものがありますので、これらについてここでチェックしておきましょう。

A3-1 抵抗

抵抗（正確に言うと“電気抵抗器”）は、電子部品の中でも最も重要で、電子回路のあらゆるところに登場します。文字通り、電流の流れに“抵抗”する働きをするものです。流れの邪魔をするものならない方がよいのではという気もしますが、抵抗することが非常に重要な意味を持っているのです。ブレーキのない車が危なくて乗れないのと同じとも言えるでしょう。

抵抗の大きさはΩ（オーム）という単位で表します。**電圧**（単位はV：ボルト）は**電流**（単位はA：アンペア）を流そうとする力で、1Vの電圧を加えたときに1Aの電流が流れる場合、抵抗が1Ωといいます。

ある素子にかかる電圧がV［V］で流れる電流がI［A］なら、その素子の抵抗は$V／I$［Ω］です。

参考

抵抗は英語ではresistor（レジスタ）です。データを一時的に記憶しておくための小容量のメモリのレジスタ（register）と、カタカナで書くと同じですが、綴りが異なりますので注意しましょう。

参考

Ωは、ギリシャ文字のω（オメガ）の大文字です。

参考

・オームの法則
$V=R\times I$
R：抵抗
V：電圧
I：電流

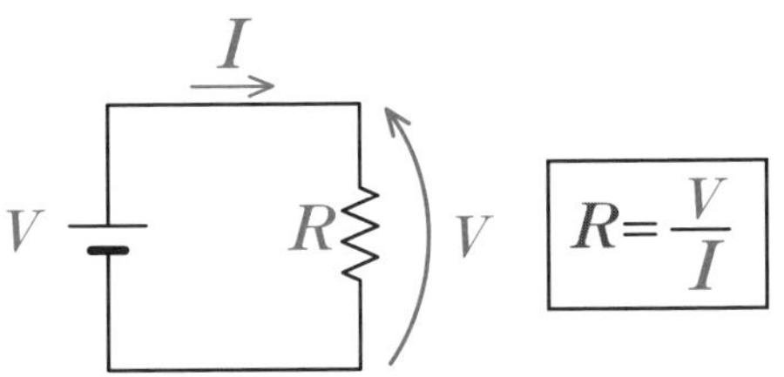

電流の矢印は、電流が流れる向きを表す。
（電子の移動の向きと逆向き）

電圧の矢印は、矢印の根元を基準にして矢印の先の点の電位を測ることを意味する。

▲図 A3.1　電圧・電流と抵抗

抵抗の大きさ（抵抗値）は、物質が持つ物理量の中でも、その数値のダイナミックレンジが非常に大きいのが特徴です。つまり、抵抗が非常に小さい材料もあれば、とてつもなく大きいものもある、ということです。例えば、金属は電気がツーツーに流れますが、ガラスやセラミックなどの絶縁物はほとんど電気が流れません。

このように値のとる範囲が広い量の場合、その大きさを表す単位には、桁を表す接頭語を付けて表現します。電子部品としての抵抗の場合、接頭語としてよく使われるのは“k”（キロ）と“M”（メガ）です。kは10^3、Mは10^6です。つまり、1kΩ = 1000Ω、1MΩ = 1000kΩです。

COLUMN 接頭語

桁を表す接頭語には次のものがあります。

【桁の大きい方】			【桁の小さい方】		
10^1	da	デカ	10^{-1}	d	デシ
10^2	h	ヘクト	10^{-2}	c	センチ
10^3	k	キロ	10^{-3}	m	ミリ
10^6	M	メガ	10^{-6}	μ	マイクロ
10^9	G	ギガ	10^{-9}	n	ナノ
10^{12}	T	テラ	10^{-12}	p	ピコ
10^{15}	P	ペタ	10^{-15}	f	フェムト
10^{18}	E	エクサ	10^{-18}	a	アト

抵抗のカラーコード

参考

近年では、面実装部品が使われることの方が多いかもしれません。面実装用のチップ抵抗の場合、抵抗値は、カラーコードに相当する数字をそのまま印字して表記されていることが多いです。

抵抗で最もよく使われるのは、図A3.2のように縞々模様の付いたイモ虫のような恰好をしたものです。

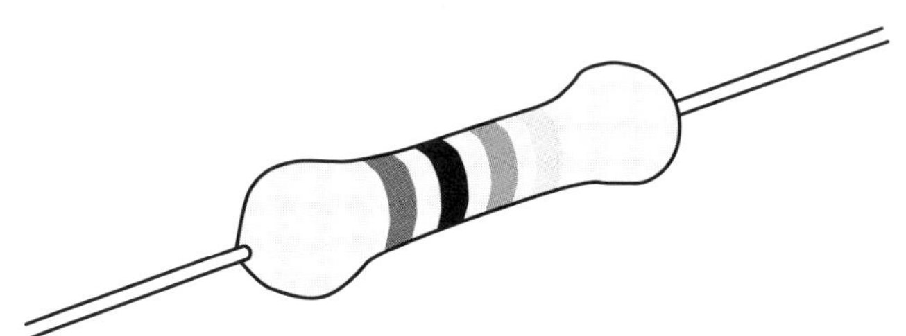

▲図 A3.2　一般的な抵抗器の形

アドバイス

抵抗器に極性はありません。

アドバイス

0：黒い礼服、1：小林一茶、2：赤いニンジン…などと語呂合わせで覚える覚え方もありますが、色を見たら数字が直観で浮かぶまで慣れるようにしましょう。

この縞々模様は**カラーコード**と呼ばれ、色が数値を表しています。黒が0、茶色が1、赤が2、橙色（オレンジ）が3、黄色が4、緑が5、青が6、紫が7、灰色が8、白が9です。1～7までの7色は、いわゆる虹の七色を外側から順に並べたものです。

端の金色は、抵抗値の誤差が±5%以内であることを表しています。他の3つの色で抵抗値を表しています。

金色の反対側の端から2つの色は、抵抗値の2桁の有効数字、3つめの色はその後に付く0の数を表しています。例えば、「緑茶赤金」なら、緑・茶・赤は順に5・1・2を表していますので5100Ω、つまり、5.1kΩになります。

3つめの色が橙色（3）ならxxkΩ、青（6）ならxxMΩということになります。

参考
抵抗の値や、コンデンサの静電容量の値などは、数値のダイナミックレンジが大きく、何桁にもわたってさまざまな値をとり得るため、E12系列、E24系列などといって、対数目盛でなるべく等間隔になるように、数値の並びが決められています。ですから、必ずしも切りのよい値のものがあるわけではありません。例えば、1kΩ、2kΩ、3kΩはありますが、4kΩ、5kΩ、6kΩ....という抵抗はありません。必要ならば、複数の抵抗を組み合わせて実現することになります。

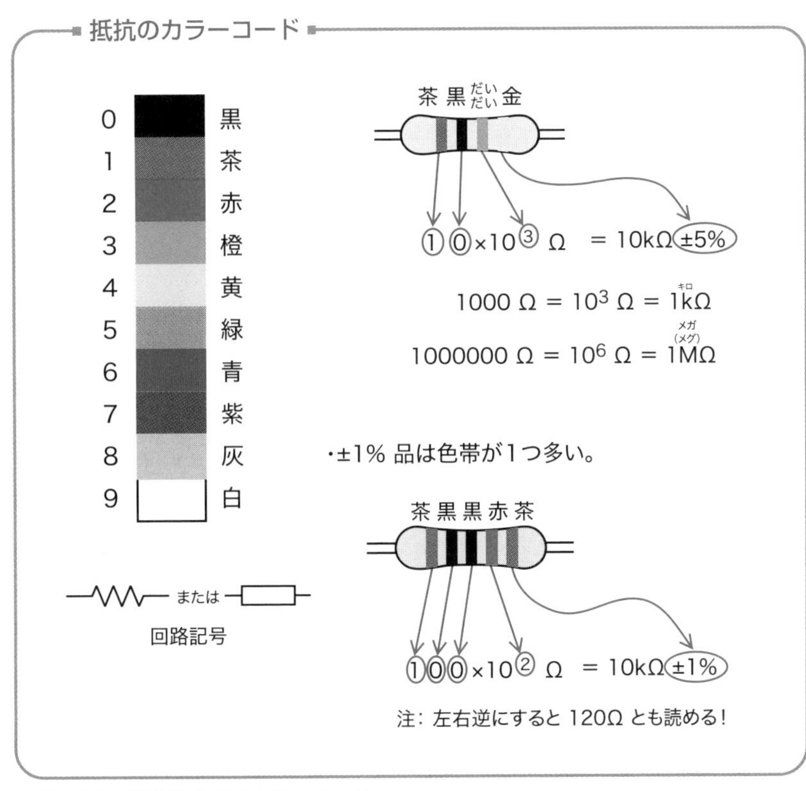

▲図 A3.3　抵抗値を表すカラーコード

抵抗体の材質、許容電力

抵抗体の材質にもいくつかの種類があります。最もよく用いられるのは**炭素被膜抵抗（カーボン抵抗）**です。炭素被膜抵抗は、一般に抵抗値の許容差が±5%です。**金属皮膜抵抗**はもう少し抵抗値の精度が高く、±1%のものが一般的です。±1%の抵抗の場合は、**図A3.3**のように、カラーコードの色帯が1つ多くなって（有効数字が3桁）います。

抵抗に電流が流れると電力を消費して発熱（**ジュール熱**という）します。**電力**（単位は**W：ワット**）は、（電圧）×（電流）で表されます。ある素子にかかる電圧がV［V］で流れる電流がI［A］なら、その素子で消費される電力Pは、$P = V \times I$［W］になります。このときどれくらいの電力まで大丈夫か、という許容電力がものによって決まっています。一般に、電子工作で使う炭素被膜抵抗では許容電力1／4Wのものが多いです。回路

参考
電力は仕事率（1秒間に消費するエネルギー）の単位で、1sに1Jの仕事をするのが1Wです。
1Jのエネルギーは、1Nの力で1mの距離だけ物を動かす仕事でもあり、1Cの電荷を1Vの電位差のところに持ち上げる仕事でもあります。
単位の関係は、
[J] = [N·m]
= [C·V]
= [W·s]
です。

を設計する際は、抵抗にどれくらいの電流が流れることになるか、ということをよく考えて設計する必要があります。抵抗に限らず、素子の許容電力以上の電力が消費されると、素子が過熱して壊れてしまったり、黒焦げになって発火する危険もあるので注意が必要です。

抵抗アレイ、可変抵抗器

抵抗には、いろいろな恰好をしたものもあります。同じ抵抗値のものをいくつも必要とするような場合、**図A3.4**のような**抵抗アレイ**（**集合抵抗**）が使われることもあります。

アドバイス

部品には向きを示す印が付いているものがあります。この抵抗アレイには白い丸印が付いています。基板に取り付ける際、この白い丸印をキットに同梱されている部品配置図に従って取り付けてください。

抵抗アレイ

白い丸印がついています(コモン端子)

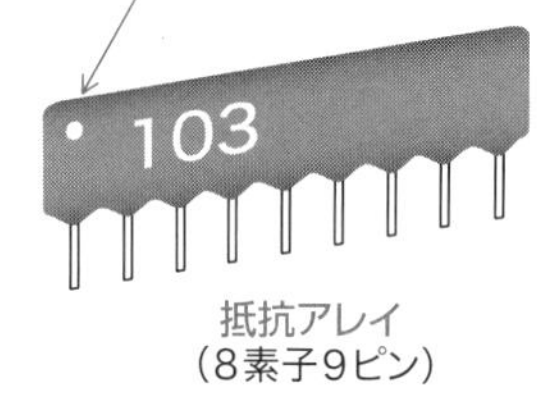

・抵抗アレイは集合抵抗とも呼ばれ、複数の抵抗体を1パッケージにまとめた素子。

・同じ値の抵抗をいくつも必要とする場合等、部品点数を減らし基板面積を節約するのに有効。

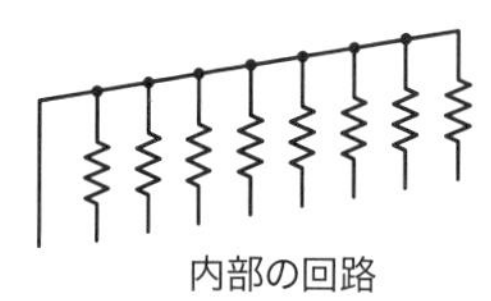

・8素子9ピン一列のパッケージの他、ICと同じDIPタイプのものもある。
(DIP：Dual Inline Package)

▲図 A3.4　抵抗アレイ

参考

可変抵抗は英語でVariable Resistor なので、VRという略号で表されることが多いです。

参考

素子の抵抗値自体が変化するものとして、CdSセルはその一例です。導電性ゴムの中には圧力で抵抗値が変化するものがあります。

FET（電界効果トランジスタ）も、ゲート電圧でチャンネル抵抗が変化する可変抵抗としての使い方をされることもあります。

参考

軸の回転数が10回転ほど以上あって、精密に調整できるタイプの可変抵抗もあります。

また、抵抗の値を調節したい場合もあります。そういう場合に使われるのが**可変抵抗**です。**ボリューム**とか**ポテンショメータ**などと呼ばれる場合もあります。可変抵抗といっても、素子全体の抵抗値が変わるわけではありません。回転する摺動子（しゅうどうし）が抵抗体のどの部分に接触するかが変わるだけです。摺動子が抵抗体のちょうど真ん中に接触していれば、抵抗値は両側に半分ずつ、角度が変わると角度に応じて両側の抵抗値のバランスが変わります（「**[A4-6] アナログ入力**」の項目を参照）。

可変抵抗には、ツマミで軸を回すタイプと、ドライバなどで調節するタイプがあります。頻繁に調節する必要のないところには、ドライバで調節するタイプが用いられ、**半固定抵抗**と呼ばれます。

可変抵抗（ボリューム）

・ツマミを回すと摺動子が回転し、抵抗体と接触する位置が変化することにより、抵抗体の各端と摺動子との間の抵抗値が変化する。

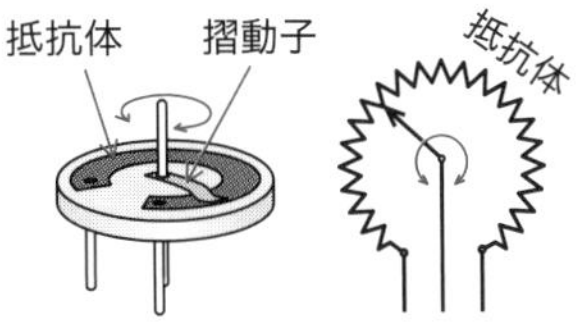

・可変抵抗の抵抗値は、抵抗体の全体の抵抗値をもって称する。
例えば、10kΩの可変抵抗とは、抵抗体の両端の間が10kΩで、ツマミを中央に合わせたとすると、摺動子と他の端子との間は5kΩになる。

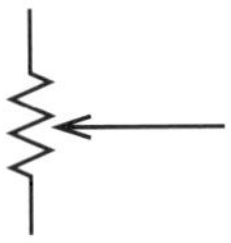

・"ボリューム"の呼称は、音量(volume)調節のために一般に使われる、という意味と、variable ohm (バリアブル オーム、つまり、可変抵抗)がなまった、という意味の両方がある。

・"ポテンショメータ"と呼ばれる場合もある。

▲図 A3.5　可変抵抗

参考

一般には、温度が高くなると抵抗値は増加します。これは、温度が高いほど物質を構成する原子分子の熱振動が激しくなるからです。これに対して、半導体は、温度が高くなるほど抵抗が小さくなります。最もよく用いられる炭素被膜抵抗（カーボン抵抗）も、温度が高くなると抵抗値が下がる性質があります。

可変抵抗は、抵抗値を積極的に変化させるためのものですが、実は、抵抗値の決まった普通の抵抗器（固定抵抗）でも、厳密に言えば抵抗値は決してずっと一定ではありません。なぜならば、物質の抵抗値は温度によって変化するからです。そして、抵抗に電流が流れるとジュール熱が発生してその温度が必ず変化します。実際には、このような変化による影響が、回路の動作を考える上で実用上無視できるレベル、という範囲に限定して使っているというわけです。

A3-2 コンデンサ

参考

電荷と電荷の間に働く力を**クーロン力**と呼びます。クーロン力は、お互いの電荷量に比例し、間の距離の２乗に反比例し、電荷が同符号の場合は反発する向き、異符号の場合は引き合う向きになります。この関係を**クーロンの法則**といいます。

コンデンサは、抵抗とならんで電子回路の中で重要な働きをするものです。コンデンサの構造の最も基本的な形は、**図A3.6**のように、2枚の金属電極がある間隔をおいて向かい合っている構造です。**図A3.6**のような典型的な形は**平行平板コンデンサ**と呼ばれます。

電極の一方に＋の電荷、他方に－の電荷がやって来たとき、＋と－は引き合いますが間が空いて絶縁されていますのでくっつけずに留まる、ということを利用して電気（電荷）を蓄（たくわ）えるというのがコンデンサの働きです。ですので日本語では"蓄電器（ちくでんき）"という言葉もあります。

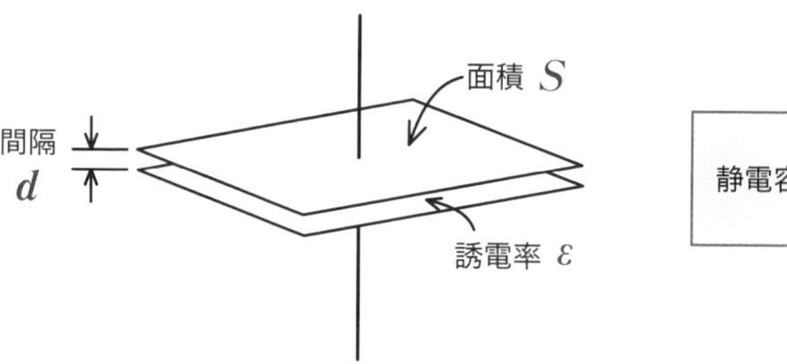

$$C = \varepsilon \frac{S}{d}$$

▲図 A3.6　平行平板コンデンサ

コンデンサがどれだけ電気を蓄えやすいかということを表す量が**静電容量**(せいでんりょう)です。単位はF（ファラド）で表します。静電容量は英語でcapacitance（キャパシタンス）ですので、**キャパシタ**という言葉も用いられます[注]。一方の電極に$+Q$の電荷、向かい合う側に$-Q$の電荷が留まっているとき、電荷Qが蓄えられていると表現します。電荷Qの単位はC（クーロン）です。静電容量を表す記号にもCを使いますから、紛らわしいので注意が必要です。コンデンサに電荷が蓄えられているとき、電極間には電圧がかかっています。このとき電荷Qと電圧Vは比例し、その比例係数が静電容量Cです。1Vの電圧がかかっているときに1Cの電荷が蓄えられる静電容量が1Fです。

参考

コンデンサの静電容量Cは、電極の面積Sに比例し、電極間の距離dに反比例します。その比例係数εは、電極間の空間（絶縁物）の誘電率です。

アドバイス

コンデンサに「電荷が蓄えられ」るという言い方をしますが、＋の電荷と－の電荷がそれぞれ電極の表面に集まって向かい合うことで、電極間の空間に“電界”が生じ、その空間にエネルギーが蓄えられると捉える方がよいでしょう。

参考

コンデンサの電荷量は電圧に比例しますが、耐えられる電圧には限界があります。これを**絶縁耐圧**といいます。

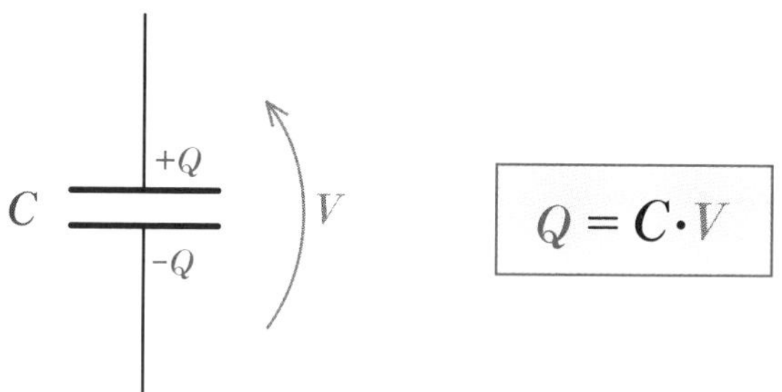

$$Q = C \cdot V$$

▲図 A3.7　コンデンサに蓄えられる電荷量と電圧、静電容量の関係

〔注〕

例えば、実際の電子部品としての抵抗は、電気的な働きの観点からは単純に抵抗の成分だけを持つものではなく、インダクタンスや静電容量の成分も僅かながら持っています。コンデンサにしても、単純に静電容量だけを持っているわけではなく、電極のリード線部分には抵抗もあり、電極間の絶縁物もいろんなクセを持っています。“キャパシタ”という言葉は、本来は純粋に静電容量のみを持つ理想化した回路素子モデルを指す言葉です。同様に、“コイル”は導線をグルグル巻いた部品で、巻線抵抗や巻線間静電容量などが付随していますが、純粋にインダクタンスのみを持つ理想回路素子モデルを“インダクタ”と呼びます。ちなみに、日本人は“キャパシタ”という表現をしますが、

英語の“capacitor”の実際の発音は“カピャシタ”と表記した方が近いものになります。

参考

電気二重層コンデンサは、F単位の大きな静電容量があります。しかしその反面、絶縁耐圧が大きくありません。

一般に、実際のコンデンサの静電容量は、1Fという単位では大き過ぎるので、10^{-6}を意味する接頭辞μ（マイクロ）や、10^{-12}を意味するp（ピコ）を付けて、μFあるいはpFを使って表します。

参考

静電容量の場合、桁を表す接頭語として10^{-9}を表すn（ナノ）は使わず、1000pFということの方が多いですが、nを使う場合もないわけではありません。

静電容量は、電極の面積に比例し、電極間の距離に反比例します。ですので実際のコンデンサでは、電極を何枚も積層したり、薄くて長い電極を重ねて巻き物のように巻いたり、などの構造で電荷をたくさん蓄（たくわ）える（静電容量を大きくする）ことができるように工夫されています。

コンデンサの種類

コンデンサにはさまざまな種類があります。主には、電極間の絶縁物に使われる材料の名前が付けられて区別されます。セラミックが使われているのが**セラミックコンデンサ**、プラスチックフィルムが使われているのが**フィルムコンデンサ**、そのフィルムがスチロール樹脂なら**スチロールコンデンサ**という具合です。

ただし、**電解コンデンサ**は例外です。電解コンデンサには電解液が使われていますが、もちろん電解液は絶縁物ではありません。一般に、電解コンデンサというと、アルミ箔を電極としたアルミ電解コンデンサを指します。アルミ箔の表面に、陽極酸化という技術で非常に薄い酸化膜を形成します。電極間の電解液は、もう一方の電極をこの薄い酸化膜表面に電気的に密に接触させる働きをします。電解コンデンサに極性があるのは、このように2つの電極に構造上の違いがあるのが理由です。絶縁物である電極表面の酸化膜を非常に薄くできることと、電極表面に微細な凹凸を作って表面積を大きくできることで、電解コンデンサの静電容量は、一般に他のコンデンサに比べるとずっと大きいのが特長です。

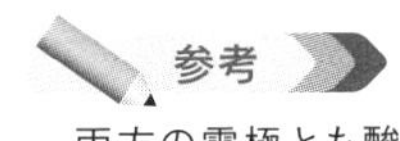

参考

両方の電極とも酸化膜を形成したアルミ箔を用いた無極性の電解コンデンサもあります。

しかし、近年では、薄膜積層技術の進歩により、セラミックコンデンサでも電解コンデンサ並みの静電容量を持つものもできるようになってきています。

コンデンサの静電容量の表記と極性

注意

電解コンデンサには極性があります。基板に取り付ける際には向きに注意してください（キットに同梱されている部品配置図をよく見て取り付けてください）。

コンデンサの静電容量の表記は、電解コンデンサの場合は側面にxxμFと書かれていることが多いです。それ以外の、セラミックコンデンサ等の場合はpF単位の数値が書かれています。数値の読み方は、抵抗のカラーコードと同様です。最初の2つが有効数字で、3つめの数字はその後の0

の数です。例えば、「104」と書かれていれば、10×10^4pF = 100000pFという意味で、1μFは1000000pFですから、「104」は0.1μFということになります。100pFより小さい静電容量の場合は、2桁あるいは1桁の数値がそのまま書かれています。

アドバイス

セラミックコンデンサは、足の間隔と穴のピッチがずれているとき、無理に押し込むと、足の根元が割れてしまうことがあるので注意してください。

電解コンデンサは、背の低いものからハンダ付けしてください。

基板に底を密着させて取り付けてもかまいませんが、足が短くなるので、ハンダ付けは手早くしてください。

コンデンサの静電容量表示

・セラミックコンデンサ等、電解コンデンサ以外のコンデンサの場合、表記はpF単位。

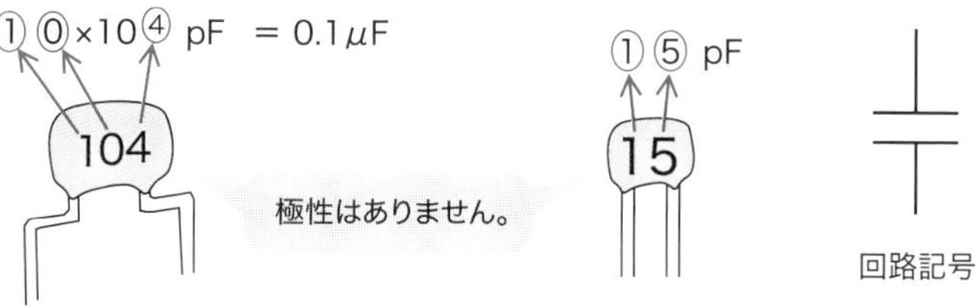

$1\ \text{pF} = 10^{-6}\ \mu\text{F}$

・電解コンデンサはμF単位。

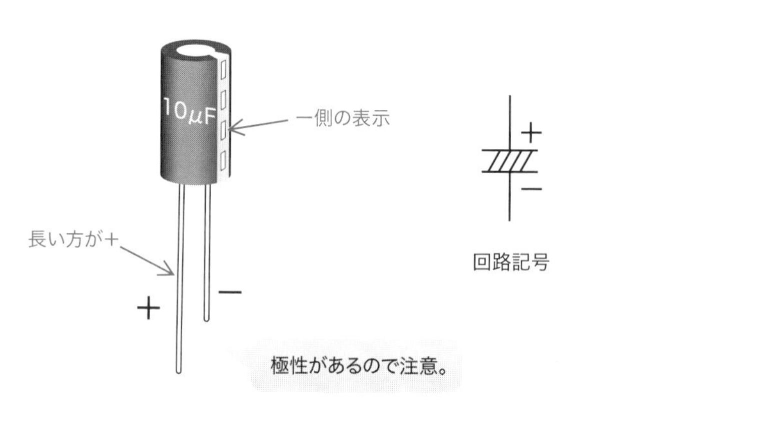

▲図 A3.8 代表的なコンデンサの形状

電解コンデンサには極性がありますので注意が必要です。2本のリード線の長さが違っていることに注意してください。足の長い方が＋側です。また、側面に「−−−−」と−側を示す白い帯が描かれています。

A3-3 トランジスタ

トランジスタは、電子回路の主役といってもよい重要な働きをする3本足の部品です。3つの電極には、**ベース（B）**、**エミッタ（E）**、**コレクタ（C）**という名前が付いています。半導体には**n型半導体**と**p型半導体**の2種類があります。これを3つ積み重ねるのに、npnの順の組み合わせとpnpの組み合わせの2通りの組み合わせがあります。それぞれ、npnトランジスタ、pnpトランジスタと呼びます。npn、pnpの構造の、それぞれ真ん中がベースです。

日本製のトランジスタの場合、型番が2SCまたは2SDから始まるのがnpnトランジスタ、2SAまたは2SBから始まるのがpnpトランジスタです。一般に、実際に部品に表記されている型番はA～Dから始まっています。また、3本足の真ん中がコレクタになっているものが多いです。

参考

エミッタ(emitter)は、電荷を運ぶキャリアをベース(base)に向かって発射（emit）する役目、コレクタ(collector)はベースを通過してきたキャリアを集める（collect）する役目なのでこの名前が付けられています。

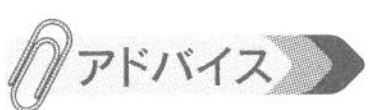

n型半導体では－の電荷を持つ電子がキャリア、p型半導体では＋の電荷を持つホール（正孔）がキャリアになります。

足の並びは製品によって異なりますので、必ずデータシートで確認する必要があります。

なお、基板に取り付ける際は、向きに注意して取り付けてください。キットに同梱されている部品配置図をよく見て、外形図に合わせて取り付けます。

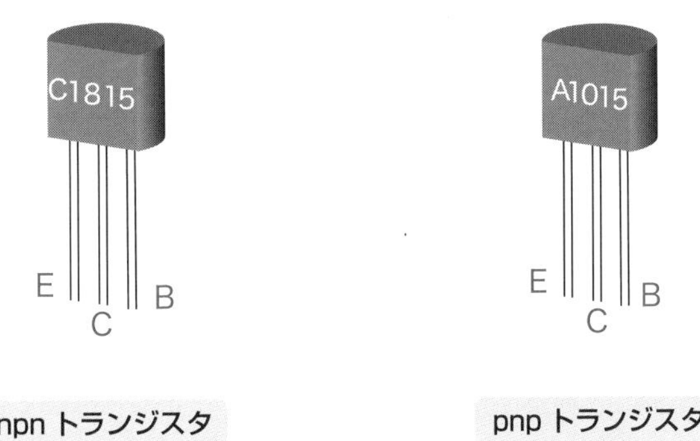

▲図 A3.9　トランジスタ

本キットに同梱されている2種類のトランジスタ（CXXXX、AXXXX）は、大きさ、形が全く同じです。区別するには部品の表面に書かれている型番で確認するしかありません。

印字がはっきりしない場合は、ルーペで確認するとよいでしょう。

基板に取り付ける際は、トランジスタの足をゆっくり広げて基板の穴にさし込みます。無理に押し込まずに5mmほど浮かせてハンダ付けします。

トランジスタの回路記号

トランジスタの回路記号は**図A3.10**のように描きます。矢印のついている端子がエミッタです。矢印は電流が流れる向きを表しています。エミッタとコレクタは、構造の模式図では違いがわかりませんが、実際のデバイスではもちろん構造的な違いがあります。

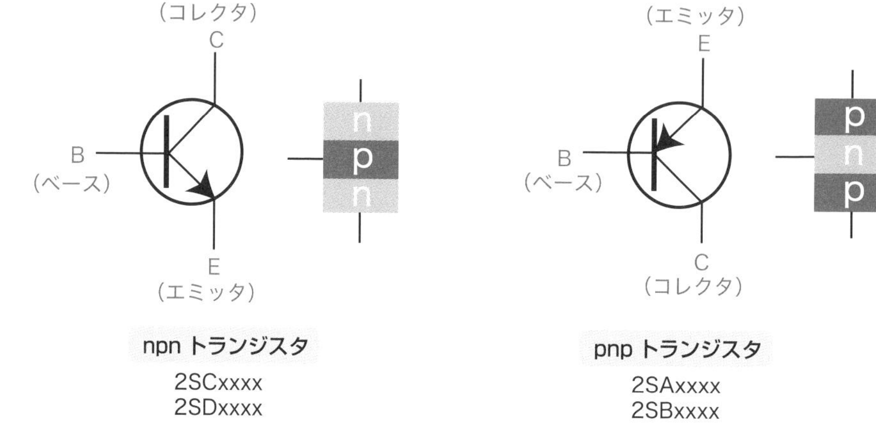

▲図 A3.10 トランジスタの回路記号

参考

ベース電流は I_B、コレクタ電流は I_C で表します。

I_C ／ I_B が（直流）電流増幅率 h_{FE} です。

キットに使われている小信号のトランジスタの場合、h_{FE} は100以上の値はあります。

トランジスタに流れる電流と働き

参考

h_{FE} の大きさは個々のトランジスタによってまちまちです。

トランジスタの型番の後ろにY、GR、BLなどの記号が書かれているのは、h_{FE} の大きさによるランク分けを表しています。

トランジスタには図A3.11の矢印のように電流が流れます。ベースとエミッタの間に流れる電流を**ベース電流**、コレクタとエミッタの間に流れる電流を**コレクタ電流**といいます。電流の向きは、npnトランジスタとpnpトランジスタで全く逆になります。キットで使用しているトランジスタの場合、ベース電流はμAのオーダの大きさですが、コレクタ電流はmAのオーダになります。トランジスタによって差はありますが、一般にコレクタ電流はベース電流の数100倍、あるいはそれ以上の大きさです。これを**電流増幅率** h_{FE} といいます。

基本的にはベース電流とコレクタ電流は比例していて、小さなベース電流をちょっと変化させただけで、コレクタ電流が大きく変化します。これが**増幅**作用です。

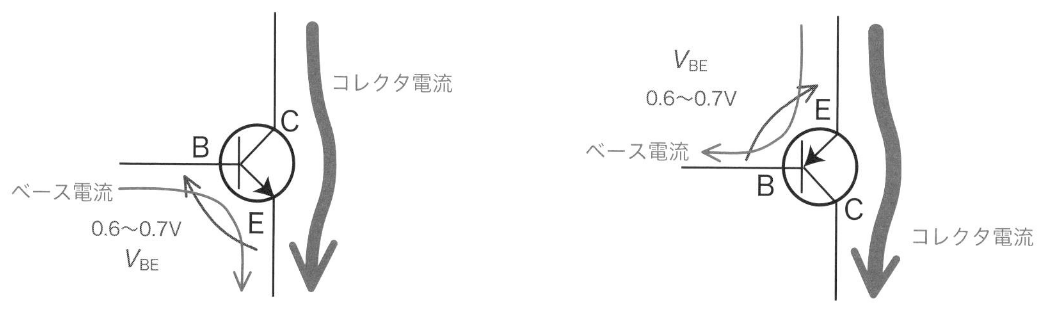

▲図 A3.11 トランジスタに流れる電流

p型半導体とn型半導体がくっついている部分のことを**pn接合**といいます。npnトランジスタの場合もpnpトランジスタの場合も、ベースとエミッタの間でベース電流はp型の部分からn型の部分に向かって電流が流れています。これを**順方向**といいます。pn接合には、順方向には電流が流れるけれども、その逆、つまり**逆方向**には電流が流れないという性質があります。これを**整流作用**といいます。これを利用したのが**ダイオード**です。

ところが、トランジスタの場合コレクタとベースの間では、nからpの向きに電流が流れていることに注意してください。ここがトランジスタの面白いところです。

参考

「流れない」と言っても、逆方向には全く流れないというわけではありません。事実上無視できるレベルの漏れ電流があります。

半導体の中で電流が流れるときに電荷を運ぶ担い手になるものを**キャリア**と呼びます。n型半導体では電子がキャリアです。p型半導体でキャリアになっているのは**ホール**（**正孔**（せいこう））です。電子は－の電荷、ホールは＋の電荷を持っています。－はnegativeなのでn型、＋はpositiveなのでp型と呼ぶわけです。

参考

整流特性を持つ接合には、pn接合のほかに、ショットキー接合があります。ショットキー接合は、金属と半導体の接合の一種で、ショットキーバリアと呼ばれる電位障壁のため一方向のみに電流が流れる特性を示します。これを利用したものが**ショットキーバリア・ダイオード**です。

トランジスタのエミッタは、このキャリアをベースに向かって発射（emit）します。npnトランジスタで考えますと、エミッタからベース内に電子が発射（emit）されます。ベースは構造上非常に薄く作られているので、発射（emit）された電子がp型のベース内のホールとくっついてしまう前にコレクタの方にすり抜けて行ってしまうのです。これがコレクタ電流です。でも一部の電子はベースでホールとくっついて**再結合**し、ベース電流の一部になります。ベース電流はコレクタ電流に比べてずっと小さいのですが、これを変化させることでエミッタからベースを抜けてコレクタまで行く電子の量（つまりコレクタ電流）に影響を与えることになるのです。つまり「小さな電流で大きな電流を制御する」というわけです。

参考

キャリア(carrier)は、carry（運ぶ）するものという意味です。

「経歴」を表すキャリアはcareerです。

COLUMN トランジスタが壊れていないかチェックする方法

アナログ式（針式）のテスタを使って、npnトランジスタが壊れていないかどうかを調べる方法を例に説明しましょう。テスタのレンジを一番大きな抵抗値を測定するレンジに合わせて、テスタの黒リードをコレクタ端子に、赤リードをエミッタ端子に当てます。この状態で、ベース端子に指を触れるか、感度が悪い場合は、ベース端子とコレクタ端子に同時に指を触れて、メータの針が振れればトランジスタは活きています。pnpトランジスタの場合は赤・黒を逆にしてください。テスタの黒リードは内蔵電池の＋側、赤リードは－側に繋がっています（デジタルテスタの場合はこれと異なる場合があります）。

■ トランジスタの働き ■

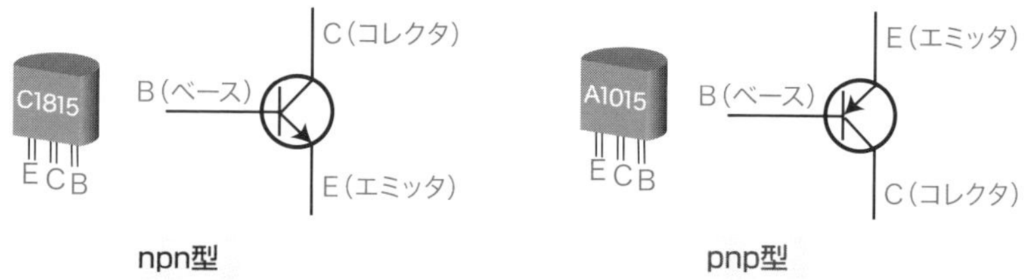

C1815
E C B
B（ベース）
C（コレクタ）
E（エミッタ）
npn型

A1015
E C B
B（ベース）
E（エミッタ）
C（コレクタ）
pnp型

・トランジスタには npn型 と pnp型 がある。

2SAxxxx	：	pnp型	高周波用
2SBxxxx	：	pnp型	低周波用
2SCxxxx	：	npn型	高周波用
2SDxxxx	：	npn型	低周波用

・ベース電流が流れると、その何倍もの大きさのコレクタ電流が流れる。

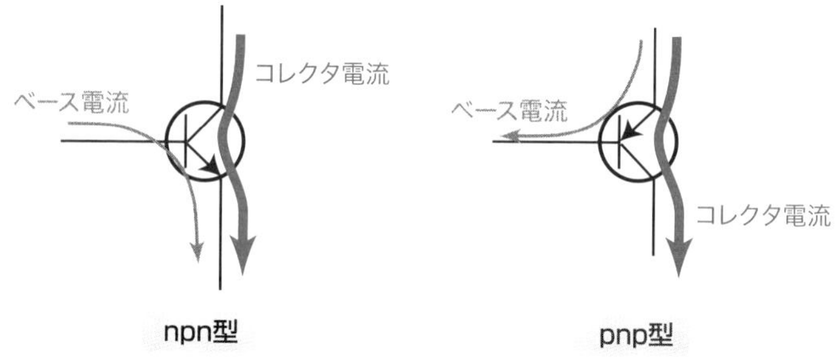

ベース電流
コレクタ電流
npn型

ベース電流
コレクタ電流
pnp型

・僅（わず）かな量のベース電流で大きなコレクタ電流を制御できる。

小さな力で → 大きなものを動かす
増幅

▲図 A3.12　トランジスタの働き

pn接合に順方向に電流が流れているとき、そこにかかっている電圧を**順方向電圧**といいます。トランジスタに用いられている半導体はシリコン（Si）ですが、シリコンpn接合の場合、もちろん電流の大きさにもよりますが、通常の動作をさせるレベルの電流が流れている状態では、順方向電圧はおおよそ**0.6〜0.7V程度**になります。トランジスタのベース-エミッタ間は順方向ですから、ベース-エミッタ間電圧V_{BE}は、トランジスタに電流が流れているときは常にこれくらいの電圧になっています。

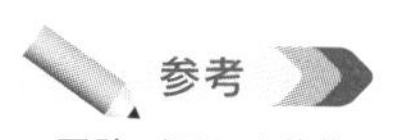

回路が正しく動作しているかどうかを調べる場合のポイントの一つがここです。トランジスタのベース-エミッタ間電圧がおかしな値になっていれば、素子が壊れているのかもしれません。

pn接合の順方向電圧は半導体の材質によって異なります。0.6〜0.7V程度というのは、あくまでシリコンの場合であって、例えばLEDの場合は、材質はシリコンではありませんから、LEDを光らせるときの順方向電圧はこれとは異なります（「[A3-4] LED」参照）。

コレクタ電流はベース電流にほぼ比例して変化しますが、ベース電流をどんどん大きくすると、あるところでもうそれ以上コレクタ電流が変化しないという状態になります。これを**飽和**（ほうわ）といいます。逆に、ベース電流を流さないとコレクタ電流も0になります。これを**カットオフ**といいます。この、飽和の状態とカットオフの状態の間を切り替えて動作させるトランジスタの使い方を**スイッチング動作**といいます。

スイッチング動作で重要なことは、トランジスタが飽和状態にあるとき、コレクタ電流がめいっぱい流れていますので、電源とコレクタの間に繋（つな）ぐ負荷抵抗の電圧降下が大きくなってコレクタ-エミッタ間電圧が小さくなります。どこまで小さくなるかはトランジスタによって、またコレクタ電流の大きさにもよりますが、おおよそ0.1V～0.2V程度まで小さくなると考えてよいでしょう。これがベース-エミッタ間電圧の0.6～0.7Vより小さい、というところに注目してください。つまり、このときベースよりもコレクタの方が電位が低くなっているのです。したがって、コレクタ電流は電位の低いところから、それよりも電位の高いところを一旦通って、エミッタに流れて行っているということです。電位の低いところから高い方へ電流が流れる、ということは普通ではあり得ないことで、これもトランジスタの面白いところです。

電源電圧を5Vとすれば、0.1V～0.2Vは5Vに比べればほぼ0と見なせるレベルですので、実質的に**図A3.13**のように「スイッチがON／OFFしているのと同じ」ということになるのです。

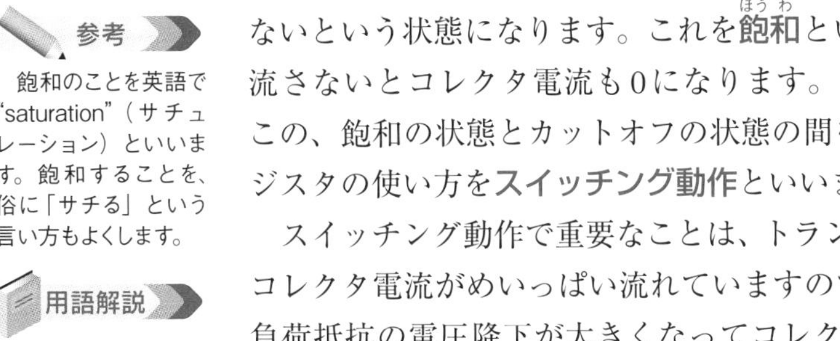

飽和のことを英語で“saturation”（サチュレーション）といいます。飽和することを、俗に「サチる」という言い方もよくします。

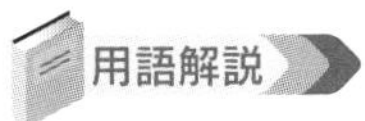

・**負荷抵抗**
電流を流すことで両端に電圧を発生させたり、そこでエネルギーを消費させる対象を**負荷**と呼び、それが抵抗器である場合、それを**負荷抵抗**と呼ぶ。

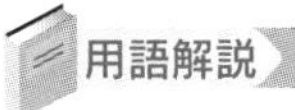

・**電圧降下**
電源から抵抗を通って電流が流れて来るとき、抵抗の両端には（抵抗値）×（電流値）だけの電圧がかかっていなければならないので、抵抗を通って現れる電圧は電源電圧よりその分低くなる。これを**電圧降下**という。

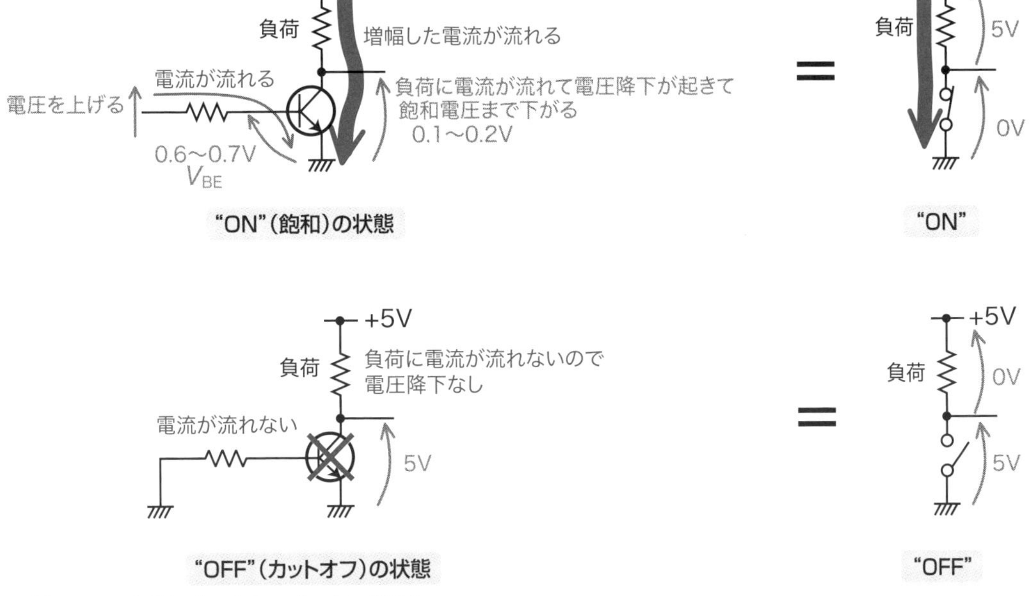

▲図 A3.13　トランジスタのスイッチング動作

A3-4 LED

注意
LEDには極性があります。基板に取り付ける際、向きに注意してください。キットに同梱されえている取扱説明書をよく読み、基板に描かれている記号の向きを確認して取り付けてください。

LEDは基板から数mm浮かして取り付けてください。ハンダ付けの際にLEDチップにできるだけ熱が伝わらないようにするためです。

LEDの高さを揃えて取り付けるには、まずそれぞれの片方の足のみをハンダ付けして高さを揃えた後、もう一方の足をハンダ付けします。

LEDはLight Emitting Diodeの頭文字で、光を放つダイオード、つまり**発光ダイオード**のことです。トランジスタのところで述べたように、ダイオードは一般にpn接合でできています。シリコンのpn接合の場合、順方向電流を流しても光は出ませんが、半導体の材質によっては、光を放つ場合があります。それを利用したのがLEDです。

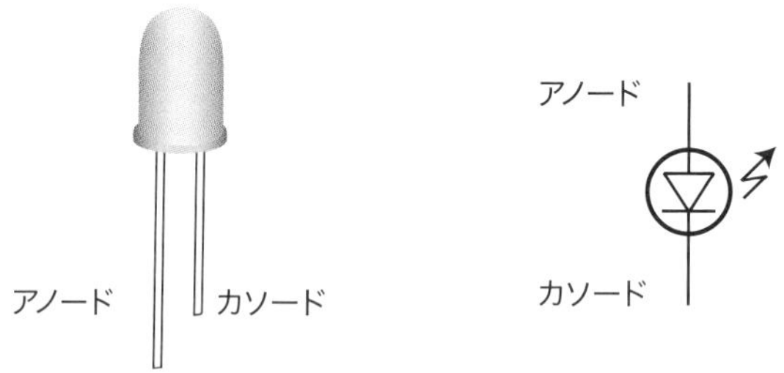

▲図A3.14　LEDとその回路記号

ダイオードですから、電流が流れる向きが決まっています。＋側の電極を**アノード**、－側の電極を**カソード**と呼びます。アノード、カソードはそれぞれ陽極、陰極という意味です。

電解コンデンサと同じように、2本の足の長さが違っていて、＋側のアノードの方が長くしてあります。

また、パッケージの形をよく見ると、帽子のツバのような部分に、一部平らになっているところがあります。一般に、その平らな側がカソード側になります。

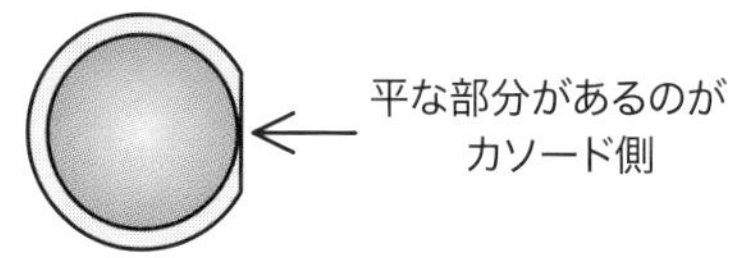

▲図A3.15　LEDの極性の向き

LEDはその発光の原理上、発する光の波長が半導体の材質で決まります。可視光（人の目に見える光）の波長は、おおよそ400nm～600nm程度の非常に狭い範囲で、波長の短い光が青や紫、波長の長い光が赤に対応します。

参考
これを最初に主張したのが、アインシュタインの光量子仮説です。

光は、波としての性質と粒子としての性質を合わせ持っており、粒子としてとらえる場合、**フォトン（光子）**と呼びます。波長の短い光は、フォトンのエネルギーが大きい光に対応します。LEDが発するフォトンのエネルギーは順方向電圧で決まります。順方向電圧は、赤のLEDの場合は約1.8V、青のLEDでは3V程度の大きさになります。

参考
紫より波長が短くて目に見えない光が紫外線です。紫外線はフォトンのエネルギーが大きいので、当たるとさまざまな影響を及ぼします。

フルカラー LED

フルカラー LEDは、1つのパッケージの中に赤・緑・青の3つのLEDをまとめてあるものです。赤（R）・緑（G）・青（B）は**光の三原色**といい、この3つの色のバランスで他の全ての色を出すことができます（加法混色（かほうこんしょく））。3つともが光ると白に見えます。

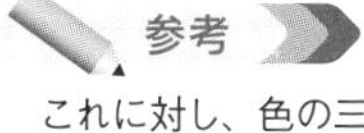

参考
これに対し、色の三原色は、
シアン（C）、
マゼンタ（M）、
イエロー（Y）
です。

3つのLEDが同居しているのに端子が4つしかないのは、3つのLEDのアノードが共通になっていて同じ端子に繋がっているからです。こういうのを**アノードコモン**といいます。

アドバイス
足の出っぱりのある所で引っ掛かります。

四角いパッケージの一部に切り欠きがあります。基板に印刷されている形と向きを合わせてください。

フルカラー LED

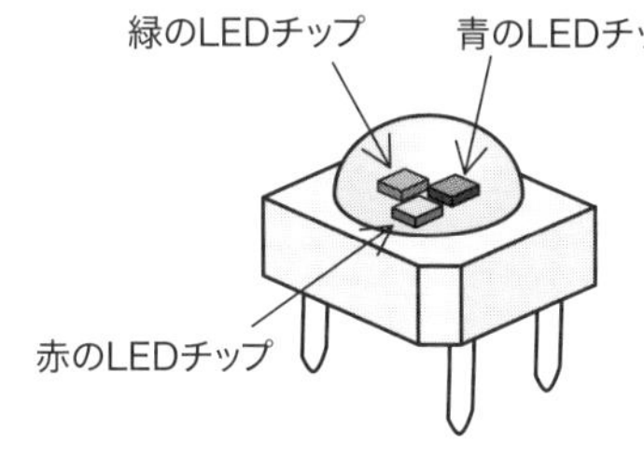

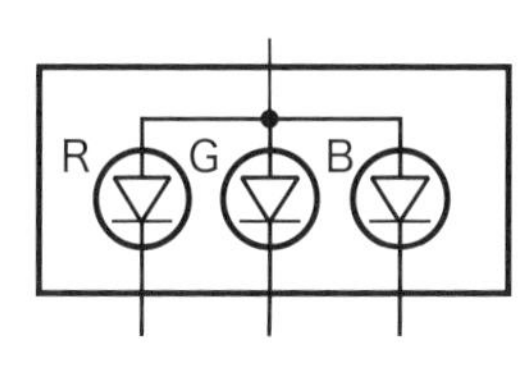

・赤(R)、緑(G)、青(B)（光の三原色）それぞれのLEDが1パッケージに入っている。それぞれの光強度のバランスで任意の色を出すことができる。

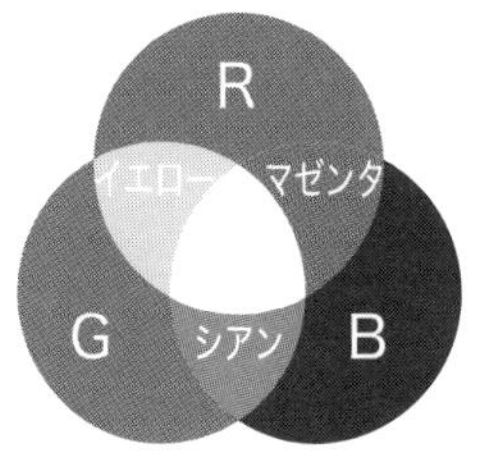

・3つのLEDのアノード（+側端子）は共通になっている。（アノードコモンと呼ぶ）

▲図 A3.16　フルカラー LED

近年LEDライトに白色LEDが使われていますが、白色LEDには、RGBの三原色を光らせるタイプと、青色LEDと蛍光体の組み合わせによるタイプがあります。

アドバイス
大型の7セグメントLEDの場合、光る部分が広いので、各セグメントがLED1つだけではなく、複数のLEDが直列に接続されているものもあります。そういう場合は、直列の個数の分だけ順方向電圧が大きくなりますから注意が必要です。

7 セグメント LED

7セグメントLEDは、数字を表示するところによく用いられます。"日"の字を7つの部分（セグメント）に分けて、それぞれをLEDで光らせて数字を表示します。

アドバイス

7セグメントLEDをハンダ付けするときは、向きを間違えないように注意してください。もちろん小数点のある方が手前側です。

フルカラーLEDと同様に、それぞれのLEDのアノードが、桁ごとに共通になっています（**アノードコモン**）。逆に、カソードが共通（**カソードコモン**）のものもありますが、今回のキットに使われているのはアノードコモンです。

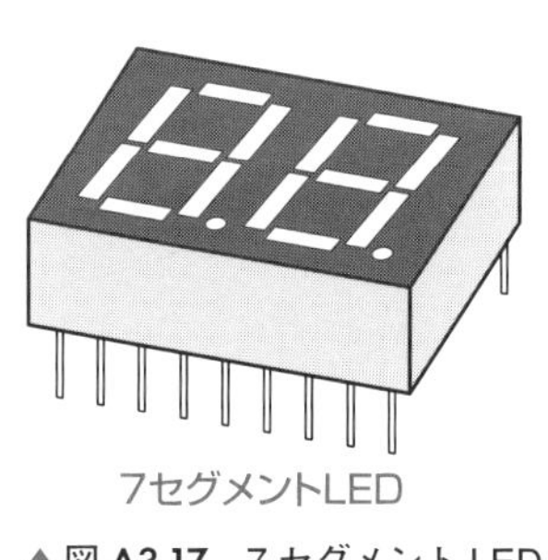

▲図 A3.17　7セグメント LED

A3-5 CdS セル

CdS（シー・ティー・エス）（硫化カドミウム）は、n型の半導体としての性質を示す材料です。光が当たると内部で自由電子が発生し、抵抗値が小さくなります。これを**光導電効果**（こうどうでんこうか）といいます。この性質を利用して光センサとして用いたのがCdSセルです。夜か昼かを判別するために明るさを検知するところなどによく用いられます。

黄色い部分がCdSの薄膜で、表面のウネウネと模様が付いているのは電極です。

参考

光導電効果を示す材料として、ほかにPbS（硫化鉛）、PbSe（セレン化鉛）などがあります。

CdSセルを基板にはんだ付けする際、基板にぴったり付けないで、足を基板から数mmほど伸ばし、少し浮かせた状態にします。

ハンダ付けの際に、半導体の部分にまでできるだけ熱が伝わらないようにするためです。

■ CdS セル ■

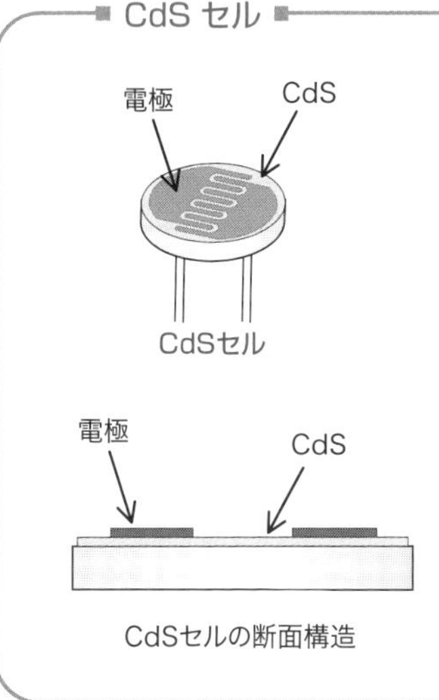

・CdS（硫化カドミウム）は半導体の一種で、光が当たると光の量に応じて自由電子が発生し、電気抵抗値が小さくなる性質（これを"光導電効果"と呼ぶ）を示す。

・明るさを検知するための光センサとして広く用いられる。

▲図 A3.18　CdS セル

A3-6 水晶振動子と圧電ブザー（圧電スピーカ）

水晶やある種のセラミック材料は**圧電効果**という性質を示します。圧電効果とは、機械的な歪を加えると電圧が発生する現象です。逆の向きに歪を加えると電圧の向きも逆になるところが特徴です。また反対に、電圧を加えると形が歪み、電圧の向きを変えると歪みの向きも逆になります。圧電効果を示す素子を**圧電素子**といいます。

水晶の結晶の形を、音叉のようにある周波数で共鳴するような形にしておくと、機械的な振動とそれによって生じる電圧の相互作用で、特定の周波数で電圧と電流の関係が特異な変化を示すようになります。これを利用して一定の周波数で安定して発振が起きるようにするための素子が**水晶振動子**です。

参考

圧電効果と似た現象で“電気歪効果”があります。電気歪効果の場合、歪の向きは電圧の向きよって変化しません。

参考

機械的な振動のエネルギーを電気エネルギーに変換する“振動発電”にも用いられます。

アドバイス

極性はありません。

■ 水晶振動子 ■

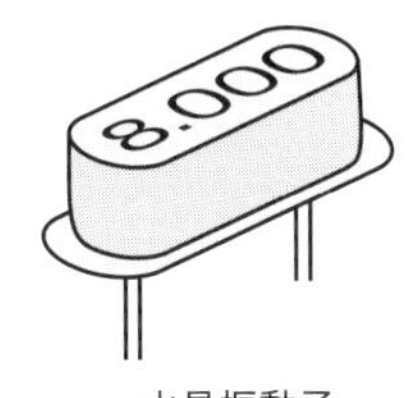

水晶振動子

- 水晶は、SiO_2（二酸化ケイ素）の結晶で、圧電ブザーと同様に“圧電効果”を示す材料である。
- 特定の寸法・形に水晶をカットすると、寸法と形で決まる機械的な固有振動とこれによる圧電効果のために生じる電気的な性質の相互作用により、ある特定の周波数でのみ特異な特性が現れるようになる。
- これを利用すると、正確にある周波数の信号を作り出すことができる。いわゆる“クォーツ時計”はこの原理で時を刻む。
- コンピュータの動作のタイミングを取る基準信号も、一般にはこの水晶発振回路で作られる。

▲図 A3.19　水晶振動子

また、電圧を加えると歪が生じることを利用して、空気を振動させて音を出すのが**圧電ブザー（圧電スピーカ）**です。一般に、［ピーピー］という電子音を作るのによく用いられます。

アドバイス

圧電ブザー（圧電スピーカ）の取り付け方はキットに同梱されている説明書をよく読んで行ってください（[A1-1]の「教えて」を参照）。

■ 圧電ブザー（圧電スピーカ）■

・ある種の物質は、電圧を加えると変形し、しかも、電圧の向きによって変形の向きが逆になる性質を示すものがある。この現象を“圧電効果”と呼ぶ。

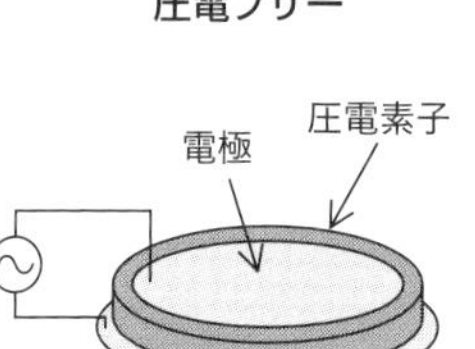

・圧電効果を利用して振動を起こし音を発するのが“圧電ブザー”（圧電スピーカ）。

・素早く振動させることが可能なので、超音波の発生にも使われる。

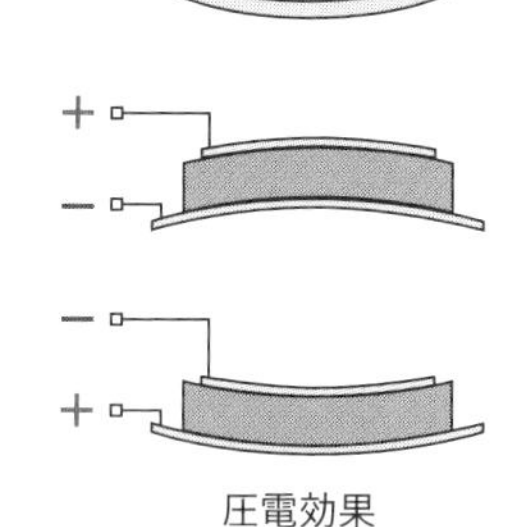

・逆に、機械的な変形を与えると電圧を発生する。これを利用した発電も可能。

▲図 A3.20　圧電ブザー（圧電スピーカ）

A3-7 コンデンサマイク

マイクは、音を電気信号に変換するものですが、そのしくみにはさまざまなものがあります。**コンデンサマイク**は構造が簡単で小型のものができますので、一般によく用いられるマイクです。

音は空気の振動ですが、それによって薄い膜が振動するのを利用し、その薄い膜を電極としてコンデンサを形成しておくと、膜の振動で電極間隔が変化して静電容量が変わります。これを利用して音による振動を電気信号に変えるのです。

参考

コンデンサマイクには増幅素子が内蔵されていますので極性があります。基板に印刷されている形に合わせて取り付けてください。

▲図 A3.21　コンデンサマイク

コンデンサマイク

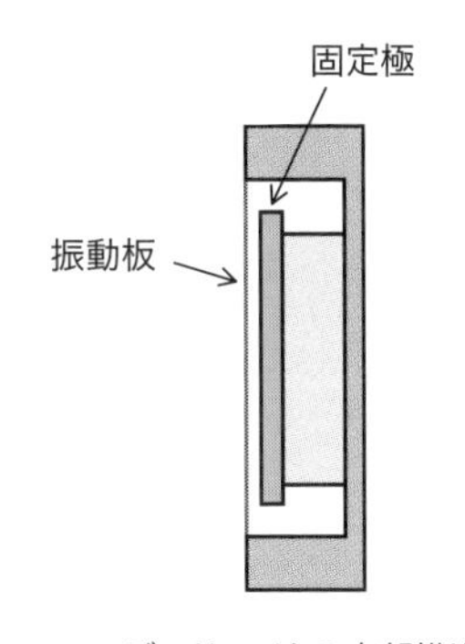

コンデンサマイクの内部構造

・振動板が音によって振動すると、固定極との隙間の間隔が変化し、振動板と固定極との間の静電容量が変化することを利用して音を検出する。

・静電容量の変化はわずかなため、十分な電気信号を得るためには、高い電圧を印加しておく必要がある。これに代わって、自発分極を持つ"エレクトレット"を用いることにより、高電圧を加えたのと同じ効果を持つようにしたものを"エレクトレット・コンデンサマイク（ECM）"と呼ぶ。実用的には、コンデンサマイクと言うとこれを指す。

・コンデンサマイクには通常、電気信号を増幅するためのアンプが内蔵されているので、電圧を加えて用いる。

▲図 A3.22　コンデンサマイク

※1：キットに同梱されている「取扱説明書」に図が掲載されていますので確認してください。

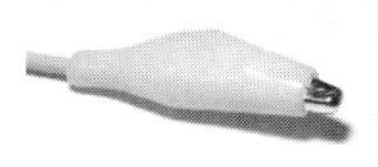

・ミノ虫クリップ

ワニ口クリップに絶縁用のチューブをかぶせたものをミノ虫クリップと呼びます。

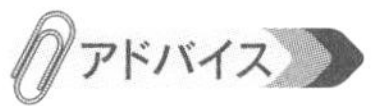

キットに同梱されている「取扱説明書」に図が掲載されていますので確認してください。

筆者は、IC2は基板に直接ハンダ付けしましたが、初心者の方は**ICソケットを使うことをおすすめします**。

なお、**マイコン（IC1）は必ずICソケットを使ってください**。

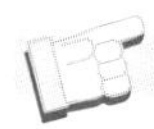

・3-to-8 デコーダ
→ p.57

■タッチポイント（TP1）、GND端子のはんだ付け※1

基板のCdSセルの左隣のGND端子の枠と、MICの左上にあるTP1の枠に取り付ける部品は、抵抗器などのリード線の切れ端を利用します。リード線の切れ端をU字型に曲げて、穴に挿入してはんだ付けしてください。なお、U字型の低めの山形としてください（少し基板との間に隙間が空くようにします。キットの操作（電子ピアノ）で、ミノ虫クリップをつないで操作しますので、掴みやすくしておきます。

TP1端子、GND端子
リード線の切れ端を利用して
ハンダ付けします。

■ICソケット

PIC16F18857は、ICソケットを基板に取り付け、そのICソケットに挿し込みます（**ICを基板に直付けしないでください**）。ICソケットに切り欠きが付いているので、基板の図に合わせて取り付けてください。ICソケットにICを挿入する際は、ソケットの切り欠きに合わせてICを挿入します。74LS138は、直接基板にハンダ付けしてもかまいませんが、**ICソケットを使う方が安全**ではあります（万が一、向きを間違えてハンダ付けしてしまった場合、ICを外すことは非常に難しいです）。

A4 マイコンと周辺回路の働き

本書の【B】でモニタプログラムを用いた回路の操作やプログラミングを学ぶ前に、マイコンと周辺回路のしくみと働きについて見ておきましょう。コンピュータを中心とした電子回路の基礎知識として重要なことがらを確認しておきましょう。

A4-1 2進数と16進数

教えて

どうして、コンピュータの中では全て2進数が使われるのですか?

〔回答〕

10進数の場合、0～9の10段階の区別をしなければなりません。例えばLEDの点灯状態でそれを表現しようとすると、10段階の明るさの区別をつけるのは至難の業です。見る人によって判断が異なるかも知れません。

その点、ONかOFFかで割り切ってしまえば、誰でも同じ判断が可能です。つまり、曖昧さをなくして明確な処理ができるようになります。そこで、2つの状態の一方を0、他方を1として、2進数として扱うのです。

コンピュータを使いこなすためには、**2進数**の話は避けて通ることはできません。私たちがものを数えるのに普段使っているのは10進数(decimal number)です。10進数とは、0～9の10種類の文字を使って数値を表したものです。0から9までは物の個数と1対1対応ができますが、10個目からはもう文字がないので、文字を2つ組み合わせて「10」と書くのです。これを**桁上がり**(けたあ)というわけですね。1桁に使う文字が10種類あるのが10進数です。とすれば、2進数は1桁に使う文字が2種類、ということです。その2種類の文字として、普通は0と1を使います。2進数で物の個数を数えると、0個目と1個目まではいいですが、2個目からはもう文字がないので「10」と書くことになります。これを「ジュウ」と読んでしまうといけません。2進数の場合は「イチ・ゼロ」と読まないといけません。10進数の「10」(ジュウ)と2進数の「10」(イチ・ゼロ)は、見た目は同じなので注意が必要です。

10進数と2進数の対応は表A4.1のようになります。

▼表 A4.1　10 進数と 2 進数の対応

10 進数	2 進数	10 進数	2 進数	10 進数	2 進数
0	0	8	1000	16	10000
1	1	9	1001	17	10001
2	10	10	1010	18	10010
3	11	11	1011	19	10011
4	100	12	1100	20	10100
5	101	13	1101	21	10101
6	110	14	1110	22	10110
7	111	15	1111	23	10111

日常生活で 10 進数を使うのは、おそらく手の指が 10 本であることと関係しているでしょう。2 進数を使うと、10 本の指で数は 1023 まで（1024 通り）数えることができます。

2進数（binary number）の各桁のことを、binary digitの意味でbit（ビット）といいます。digitとは、「指」を意味する言葉で、数を数えるときに指折り数えるところから来ています。「デジタル（digital）」という単語は、digitの形容詞形です。

"digit" は "桁" という意味です。

表 A4.1 を見ると、文字が0と1しかないので当然ですが、2進数の1の位、つまり、一番下のbitは、0 → 1 → 0 → 1 → …と変化しています。ちなみに、2進数の一番下の桁のことを**LSB**（Least Significant Bit）と呼びます。逆に、一番上のbitは**MSB**（Most Significant Bit）です。Significantとは"重みがある"という意味です。LSB（1の位）の重みは1です。その桁の重みが一番小さいのでLSBと呼ばれます。左の桁に行くにしたがって、桁の重みが大きくなります。10進数では、一つ桁が上がるとその桁の重みは10倍になります。同じように、2進数では、一つ左のbitは桁の重みは2倍になります。例えば、8桁の2進数（8bit）なら、一番上の位（MSB）の重みは128になります。つまり、MSBが1なら値としては128を意味する、ということです。

また、ある桁が1から0に戻るときに、その一つ上の桁が変化していることがわかるでしょう。

16 進数

コンピュータの中は全て2進数で情報が表されていますので、2進数で考えることはとても重要なのですが、2進数の欠点は、文字の種類が少ない分どうしても桁が長くなってしまうところです。そこで、2進数を4桁つまり4bitずつ区切って、その一区切りを16種類の文字を使って1文字で表してしまうのが**16進数**です。

3 桁ずつ区切った 8 進数が使われることもあります。

16種類の文字として、0～9はそのまま使い、10はA、11はB、12はC、13はD、14はE、15はFで表します。

▼表 A4.2　10 進数と 2 進数・16 進数

10 進数	2 進数	16 進数	10 進数	2 進数	16 進数	10 進数	2 進数	16 進数
0	0	0	8	1000	8	16	10000	10
1	1	1	9	1001	9	17	10001	11
2	10	2	10	1010	A	18	10010	12
3	11	3	11	1011	B	19	10011	13
4	100	4	12	1100	C	20	10100	14
5	101	5	13	1101	D	21	10101	15
6	110	6	14	1110	E	22	10110	16
7	111	7	15	1111	F	23	10111	17

数値の中にA～Fが登場すれば、16進数であることがわかりますが、そうでない場合は10進数と見分けがつきません。そのため、16進数の数値には、頭に“0x”というのを付けます。例えば10進数の23は、2進数では「10111」で、16進数では「0x17」と書きます。0xの“x”は、16進数を意味するhexadecimalから来ています。最初に0を付けるのは、アルファベットから始まる変数名ではなく数値であるということを示すためです。

コンピュータのプログラムで数値を2進数として扱うときは、通常基本的には、プログラム上では16進数で表記します。しかし、中にはコンパイラによっては、プログラムの中で2進数表記が使えるものもあります。

コンピュータで扱うデータの基本の単位は8bitの2進数です。これを4桁ずつ区切ると、上位の4bitと下位の4bitに分かれます。それをそれぞれ1文字で表したのが16進数です。

16進数　0x24　0x6A

10進数　36 (=2X16+4)　106 (=6X16+10)

▲図 A4.1　2 進数と 16 進数

アドバイス

16 進数であることの表現として、C 言語などでは頭に 0x を付けますが、アセンブリ言語などでは後ろに H を付けて表したり、表現はいろいろありますので注意が必要です。

参考

プログラムの中で、変数を使わずに直接数値で指定した値のことを“リテラル”（直値）と呼びます。“文字通り”という意味です。

参考

PIC マイコン用の C コンパイラ XC8 などでは、2 進数を頭に 0b を付けて使用することができます。しかし、基本的には 2 進数は 16 進数で表すことに慣れておくことが重要です。

参考

日常生活で 10 進数が使われるのは、手の指が 10 本であることが関係していると考えられますが、実は英語でいう finger は両手で 8 本です。親指は thumb です。そういう意味では、8bit が基本単位であることと繋がりがあるようにも思えますね。

A4-2 0／1とH／L

コンピュータの中では、データ（情報）は全て2進数で表現されていて、ソフトウェア（プログラム）上では0と1の組み合わせで表されるのですが、実際コンピュータの回路（ハードウェア）は電気で動いています。では、0と1が電気でどう扱われているかといいますと、「電圧が高いか低いか」ということです。電圧が高い状態を**Hレベル**（**ハイレベル**）、低い状態を**Lレベル**（**ローレベル**）といいます。Lレベルは、一般にほぼ0Vと考えてよいです。Hレベルは、マイコンの電源電圧にほぼ近いレベルといえます。本キットの場合電源電圧は5Vですので、ほぼ5VがHレベル、ほぼ0VがLレベルということになります。

一般に、プログラム上では0が電圧のLレベルに、1が電圧のHレベルに対応します。

参考

電圧のHレベル／Lレベルのことを"論理レベル"といいます。どれくらいの電圧がHレベルで、どれくらいがLレベルか、という境目のことを"閾値（しきいち）"、英語ではスレッショルド（threshold）といいますが、閾値がどれほどかということは、デジタルICの種類によって異なります。

標準ロジックICで言えば、TTLファミリでは、電源電圧は5Vで、入力がHレベルとみなされるのは2.0V以上、Lレベルと見なされるのは0.8V以下、Hレベルを出力する場合2.4V以上、Lレベルを出力する場合0.4V以下、というのが標準で、これをTTLレベルといいます。論理レベルは必ずしもH／Lで対称になっているわけではなく、TTLレベルではHレベルの領域が広くなっています。

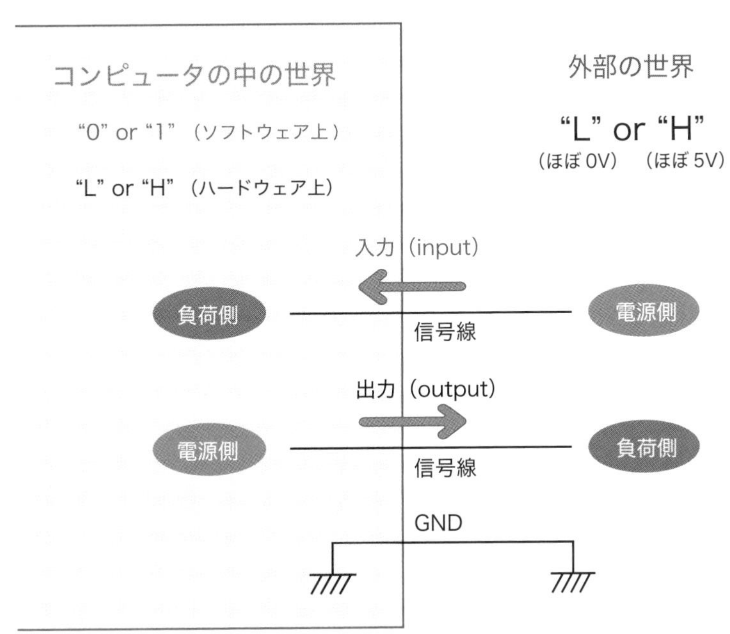

▲図 A4.2　入力／出力の意味

コンピュータは計算ができますが、「何を計算すればよいのか」ということは外側から指示をしてやらないと何もできませんし、「計算した結果どうなったのか」は外に向かって表現してくれないと何もわかりません。このようにコンピュータがその外側と情報のやり取りをすることを**入力**、**出力**といいます。**I/O**（Input／Output）ともいいます。コンピュータが外部から情報を取り入れるのが"入力"、コンピュータが外部に向かって

参考

電源を表す記号は、その電源が繋がる素子の端子の記号文字をダブルにして表すのが慣例です。V_{SS}のSはソースのS、V_{DD}のDはドレインのDです。ソース、ドレインとは、マイコンの中の回路のスイッチング素子として使われているFET（Field Effect Transistor：電界効果トランジスタ）の電極名です。FETのもう一つの電極はゲートで、ゲートに加える電圧でドレインとソースの間に流れる電流をコントロールするのがFETの働きです。

信号を出すのが“出力”です。

マイコンには、そのI/Oのためにいくつかの端子（ピン）が必ず付いています。たいてい、いくつかずつの端子がグループに分かれていて、**Aポート**、**Bポート**などといった名前が付けられています。ポート(port)とは「港」という意味で、データが出入りする港という意味です。

入力とは、外側からマイコンの端子に電圧を加えることです。ほぼ5Vの電圧を加えたら、マイコンのプログラムではその端子に対応するbitが1と認識されます。電圧がほぼ0Vなら0と認識されます。電圧を加えるのは要するに電源ですから、このとき外部が電源側でマイコンはそれに繋がる負荷という形になっています。

逆に出力のときは、マイコンが電源側になって外側につながっているものがその負荷になります。プログラムでその端子に1を出力すると、その端子からHレベル、つまり約5Vの電圧が出てきます。0を出力すると、その端子の電圧がほぼ0Vになります。

ところで、このように電圧がいくらかということを決めるためには、電位を測る基準が必要です。それを**GND（グランド）**といいます。マイコンには必ずGNDの端子があり、それを外側の回路のGNDに繋いでおかなければなりません。

マイコンのピン配置図では、一般に**GNDの端子はV_{SS}、電源電圧の端子はV_{DD}**と表記されています。

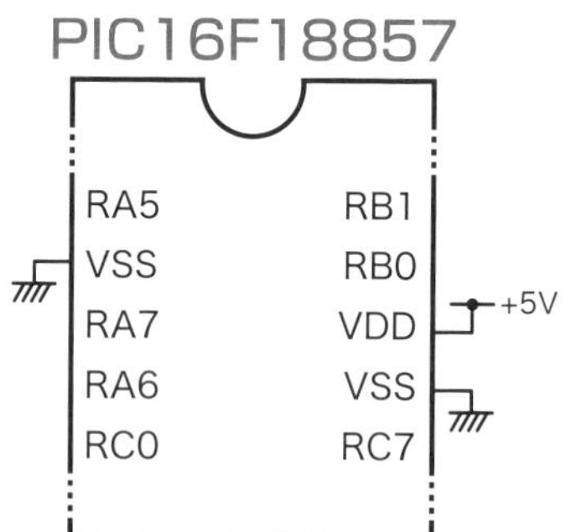

シンク電流、ソース電流

参考

PIC16F18857のデータシートでは、出力ピンの仕様として、電源電圧3.0Vの条件で、Lレベルを出力する場合は、シンク電流が10mAのときに0.6V以下、Hレベルを出力する場合は、ソース電流が6mAで2.3V以上、と記載されています。

出力の場合には、マイコンが電源になって外側に電圧を出すのですが、電流は電位の高いところから低いところに向かって流れますので、Lレベルつまり0を出すときには、外部からマイコンの端子に電流が流れ込み（この電流を**シンク電流**という）、Hレベルつまり1を出すときには、マイコンの端子から電流が流れ出す（この電流を**ソース電流**という）ことになります。一般に、半導体デバイスに共通の性質ですが、どちらかというと、ソース電流よりもシンク電流の方が駆動能力が大きいのが常です。つまり「マイコンは外部から電流を吸い込む方が得意」ということです。これは、マイコンの周辺回路を設計する上で重要なポイントになります。

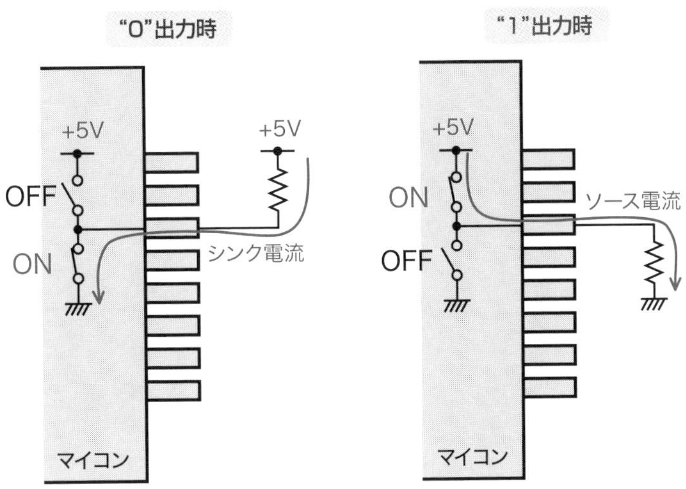

注意：一般に、(シンク電流の駆動能力) > (ソース電流の駆動能力)

▲図 A4.3　シンク電流とソース電流

A4-3 スイッチと入力

逆に、信号線を抵抗でGNDに接続することを**プルダウン**ともいいます。

プルアップ抵抗の抵抗値はどのようにして決めたらよいですか?

〔回答〕

プルアップ抵抗は、抵抗値が小さい方が、Hレベルに引っ張る力が強くなって電位が安定することになりますが、スイッチがONになったときには5VとGNDの間に繋がることになって電流が流れ、電力損失の増加に繋がります。ですので、多くの場合10kΩ～100kΩ程度の抵抗値が用いられます。

ただ、小さめの抵抗値に設定することで、スイッチの接点に電流を多めに流し、接点をリフレッシュする効果を期待することもできます。

マイコンに信号を入力するものとして、最も代表的なものは**スイッチ**でしょう。スイッチはON／OFFを切り替えるものです。ONかOFFかという情報を、マイコンで0か1かとして読み取るのですが、この場合スイッチ周りの回路は**図A4.4**のようにするのが普通です。つまり、マイコンの端子に繋がる信号線とGNDとの間にスイッチを入れます。そうすると、スイッチがONになったとき、信号線がGNDにショートされますから0Vになります。つまり、Lレベルです。したがって、これをマイコンのプログラムで読み取ると0になります。

そうすると、スイッチがOFFのときには1にしたいですから、Hレベルつまり5Vにする必要があります。だからといって、5Vの電源ラインに信号線をそのまま繋いだのでは、スイッチがONになったとき、5VとGNDがショートしてしまいます。そのため、必ず抵抗を入れる必要があります。マイコンの端子が入力の状態になっているときは、端子にはほとんど電流が流れませんから、抵抗があっても電圧降下が起きず、電圧はほぼ5Vのままになります。このように、信号線の電位を電源電圧に引き上げるために抵抗で電源ラインに接続することを**プルアップ**といいます。そのために繋ぐ抵抗を**プルアップ抵抗**といいます。このように、通常スイッチは信号線をプルアップして使います。

キットの回路では、SW1とSW2の回路がこのようになっています。

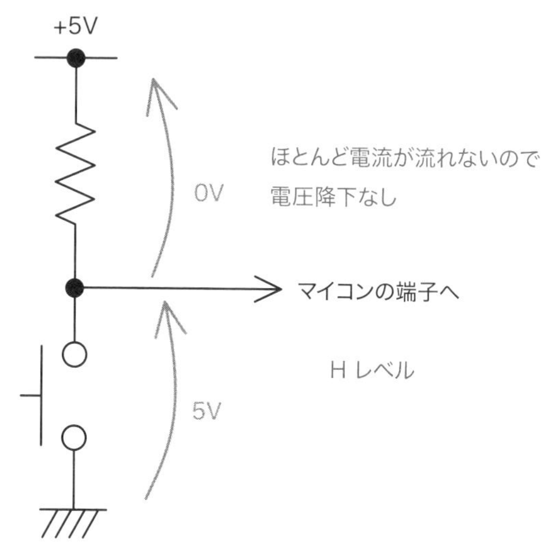

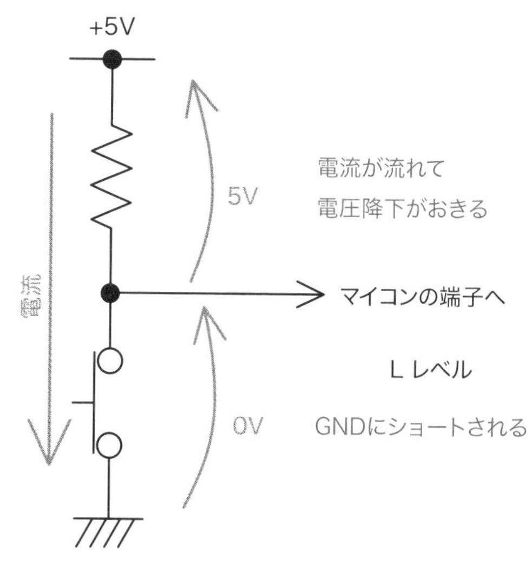

▲図 A4.4　スイッチ入力の回路（SW1 と SW2 の回路）

ベース - エミッタ間は pn 接合なのでダイオードと同じです。

SW3とSW4については、これらが繋がるマイコンの端子は出力として使うこともあるため、少し込み入った形になっています。図A4.5のように、プルアップ抵抗が、pnpトランジスタのベース - エミッタ間のダイオードを通って電源に繋がっています。また、スイッチからマイコンまでの信号線に抵抗が挿入されています。これは、もしこの抵抗がなければ、端子が出力に設定されているとき、マイコンがHレベルを出力しているのにスイッチが押されてしまうと、マイコンの端子がGNDにショートされてしまってマズいからです。

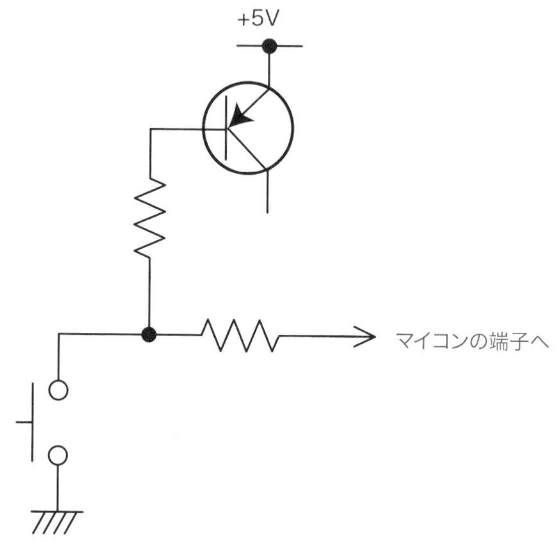

▲図 A4.5　SW3、SW4 の回路

A4-4 出力とLEDやトランジスタの駆動

コンピュータの中で計算した結果を外部に出力して表現するのに、目で見てダイレクトにわかるのは、0か1かをLEDの点灯／消灯で表す方法でしょう。マイコンを使った回路でも、マイコンが正しく動作をしているかということを確認するために、信号がHレベルかLレベルかということをLEDのON／OFFで表すようにする、ということは最も基本的なテクニックです。

このとき、マイコンの端子に繋がる回路がそれほど複雑なものではない場合は、マイコンの端子に直接LEDを繋いで、マイコンの端子に流れる電流でLEDを直接光らせるのでも大丈夫です。近年のLEDは輝度の高いものが多く、おおよそ1mA程度の電流でも充分明るく光らせることができます。

ただ、このLEDを光らせる電流をどっち向きに流すか、ということはよく考える必要があります。「[A4-2] 0/1とH/L」で述べたように、マイコンの端子から出て来る電流がソース電流で、マイコンの端子が吸い込む電流がシンク電流ですが、半導体デバイスの普遍的な特性として、一般にシンク電流の方がソース電流より駆動能力が高いものです。ですから、この場合もLEDは図A4.6のように、シンク電流で光らせるのがベターと言えます。

教えて

一般に、ソース電流よりシンク電流の駆動能力が高いのはどうしてですか？

〔回答〕

シンク電流をスイッチングするのはnpnトランジスタやnチャネルFETで、半導体中で電流を運ぶ主なキャリアは電子になります。

一方、ソース電流の場合はpnpトランジスタやpチャンネルFETで、主にホールが電流を運ぶことになります。半導体中では、どちらかというと電子の方がホールより身軽に動きやすい性質があります。ですので、半導体デバイスとしてはシンク電流を流す方が得意なのです。

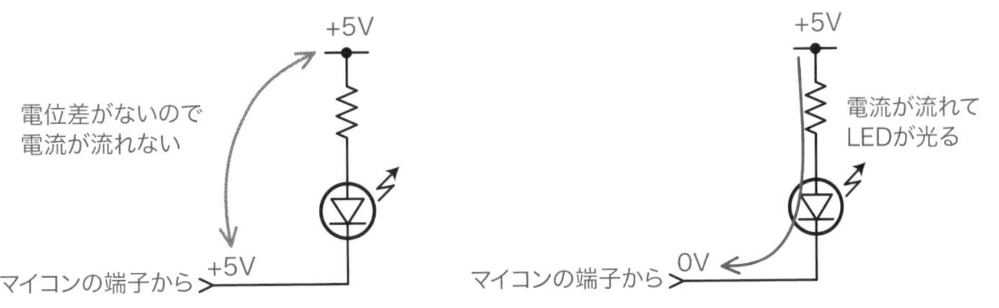

▲図A4.6　シンク電流でLEDを点灯させる

ただし、この場合、LEDが点灯するのは出力がLレベルのときです。つまり、プログラム上では0を出力したときにLEDが光る、ということに注意が必要です。

0のときに光るというのが直観的にピンと来なくて困るという場合には、0／1の論理反転が必要になります。そのための一つの方法は、次に述べるトランジスタを使う方法です。

電流制限抵抗

LEDを光らせる回路では、図A4.6のように、必ずLEDと直列に抵抗を入れておく必要があります。なぜならば、LEDの順方向電圧はある一定レベル以上にはならないからです。そのレベルは発光色によって異なります。

図A4.6で、マイコンからLレベルが出力されているとき、LEDと抵抗の直列回路にほぼ5Vの電圧がかかります。このとき、抵抗には5VからLEDの順方向電圧を差し引いた分の電圧がかかることになります。例えば、LEDの順方向電圧が2Vとすれば、抵抗には約3Vがかかります。したがって、約3V÷（抵抗値）だけの電流がLEDに流れることになります。もし、この抵抗がなかったら、LEDに5Vがかかってしまい、電流が流れ過ぎて、LEDもマイコンも壊れてしまうかもしれません。ですので、このようにLEDと直列に入れる抵抗を**電流制限抵抗**といいます。

トランジスタを使う（1を出力したときにLEDが光る）

アドバイス

マイコンから1を出力したときにLEDが光るという回路にするための方法の1つが、右の「トランジスタを使う」方法です。

トランジスタは、わずかなベース電流で、それより何百倍もの大きさのコレクタ電流を制御します。ベース電流はμAのオーダですから、マイコンの端子のソース電流で駆動するのでも構いません。図A4.7のように、npnトランジスタをエミッタ接地で使う場合、マイコンからHレベルを出力すると、端子からのソース電流がベース電流となって、トランジスタがONになります。

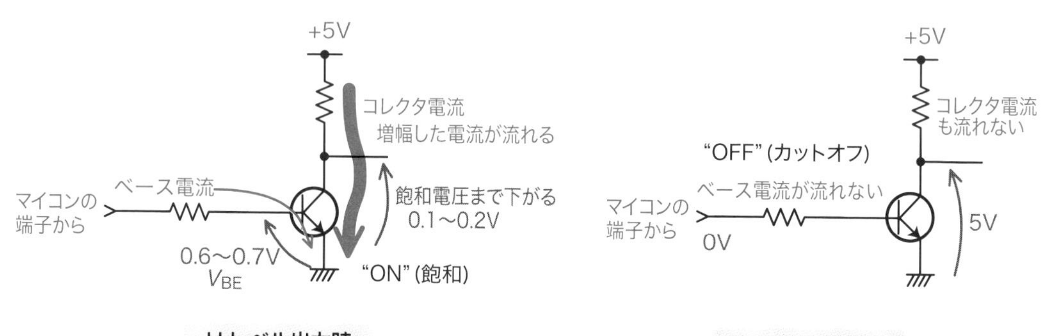

▲図 A4.7　ソース電流でトランジスタを駆動する

図A4.7でコレクタに繋がる負荷抵抗のところにLEDを挿入しておけば、マイコンから1を出力したときにLEDが光るという回路になります。

この場合、マイコンから1を出力するとトランジスタのコレクタはLレベル、つまり0になり、0を出力するとトランジスタのコレクタはHレベル、つまり1になります。ですからトランジスタはNOTゲート（[A5] 参照）

としての働きをします。

A4-5 3-to-8 デコーダ

参考

キットの部品では、74LS138がこれです。

筆者は、IC2を基板に直接ハンダ付けしましたが、初心者の方は先にICソケットをハンダ付けし、そこにICを挿入してください。

参考

本書の「/Y」は、**表A4.3**中のオーバーラインが付いた「Y」であることを表しています。

「/Y0」は**表A4.3**中の「$\overline{Y0}$」です。

参考

デコーダとは、2進数の数値（2進符号）を解読（デコード）して、その値が表す位置の記号を出すのもです。

参考

TTLレベルではHレベルの方が電圧範囲に余裕が大きいことは、デジタル回路で負論理を基本とすべきもう一つの大きな理由です。

本キットの回路にはたくさんのLEDが使われています。7セグメントLEDが4桁分、サイコロLED、フルカラーLED、8つ並んだLEDです。これらのLEDを、1つ1つそれぞれマイコンの端子に割り当てるには端子の数が足りませんので、7つのグループに分けてコントロールしています。どのグループを選択するかの振り分けをするのが**3-to-8デコーダ**です。

選択する信号は3bitです。3bitの2進数は000から111まで8種類あります。**図A4.8**で、3つの入力A、B、Cを、AがLSB、CをMSBとした3bitの2進数と考えて、000（つまりLLL）のときは/Y0がLレベルに、001のとき/Y1がLレベルに、…、110のとき/Y6がLレベルに、111のとき/Y7がLレベルになります。値が一致しないとき（非選択時）はHレベルです。

普段はHレベルで、機能を発揮すべきときにLレベルになる、という信号を**負論理**（ふろんり）の信号といいます。**図A4.8**の/Y0～/Y7の信号名には上に"－"（オーバーライン）が付いています。また、端子の根元に小さな○が付いています。これが負論理の信号であることを表しています。「ふろんり」であって「負け論理」ではありません。電圧が負（－）になるわけでもありません。

負論理の信号はLレベルが"active"です。"active"とは、その信号名の意味を持つ状態になる、ということです。デジタル回路は負論理を基本にして設計するのがベターです。その理由の一つは、一般にソース電流よりシンク電流の駆動能力の方が大きいことです。信号線をLレベルに引っ張り込むことで、その信号の意味を発揮するという方が自然だからです。

▼**表A4.3**　3-to-8デコーダの入出力の対応

C	B	A	$\overline{Y0}$	$\overline{Y1}$	$\overline{Y2}$	$\overline{Y3}$	$\overline{Y4}$	$\overline{Y5}$	$\overline{Y6}$	$\overline{Y7}$
L	L	L	L	H	H	H	H	H	H	H
L	L	H	H	L	H	H	H	H	H	H
L	H	L	H	H	L	H	H	H	H	H
L	H	H	H	H	H	L	H	H	H	H
H	L	L	H	H	H	H	L	H	H	H
H	L	H	H	H	H	H	H	L	H	H
H	H	L	H	H	H	H	H	H	L	H
H	H	H	H	H	H	H	H	H	H	L

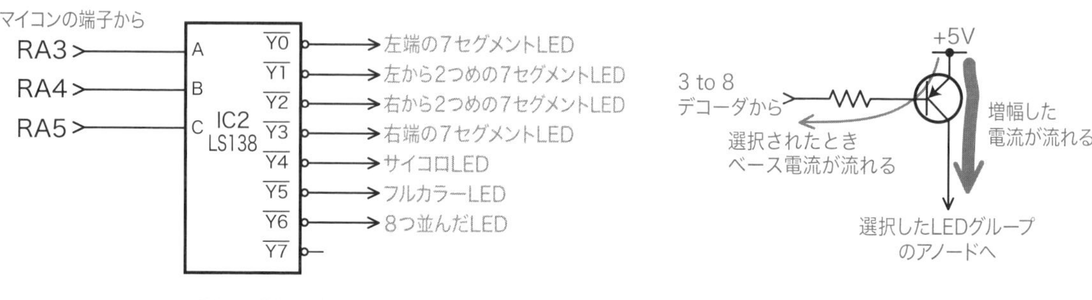

▲図 **A4.8**　3-to-8 デコーダ

本キットの回路では、/Y0がLレベルになったとき、左端の7セグメントLEDのアノードに電流を供給するpnpトランジスタのベース電流が流れるという回路になっています。他のLEDグループについても同様のしくみで、そのグループのLEDのアノードへの電流をpnpトランジスタでON／OFFしています。

A4-6 アナログ入力

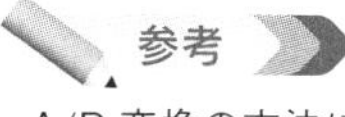
参考

A/D変換の方法にはさまざまな種類があります。マイコンに内蔵のA/D変換モジュールに最もよく使われているのが“逐次比較型”と呼ばれる方式です。逐次比較型のA/D変換の原理は、上皿天秤で質量を測定する手順に似ています。

A/D変換器のことを**A/Dコンバータ**といいます。

参考

逆に、数値に応じた電圧を出力することをD/A変換といいます。

コンピュータが受け付けるのは、基本的には0か1かの情報、つまり電圧が低い状態（Lレベル）か高い状態（Hレベル）かということだけです。しかし、マイコンはたいていの場合、A/D変換モジュールを内蔵しています。**A/D変換**（Analogue to Digital conversion）とは、電圧の大きさを数値で表すことです。LレベルかHレベルかだけではなく、その中間の状態の電圧を、数値の大小で表現するということです。

A/D変換

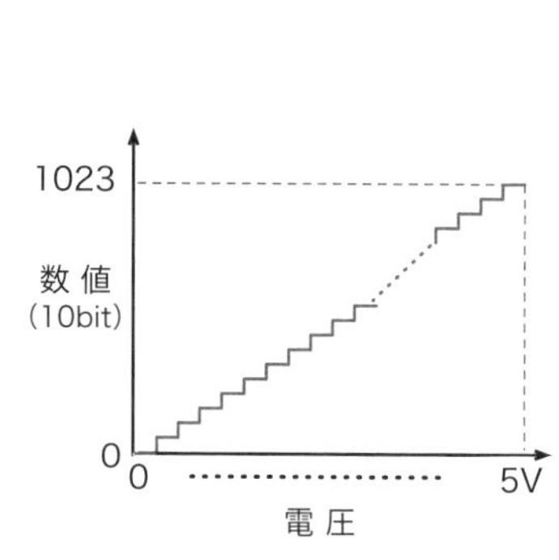

- 電圧の大きさを、基準とする電圧に対する割合を表す数値に変換することを“A/D変換”という。
- 数値を何bitの2進数で表すかを、A/D変換の分解能と呼ぶ。PIC16F18857に内蔵のA/D変換器（A/Dコンバータ）は分解能10bitであるので、数値は0から1023の間の値になる。
- PICマイコン学習キットでは、基準電圧は5Vとしているので、0V～5Vの電圧が、0から1023の数値に対応する。

▲図 **A4.9**　A/D変換

A/D変換の結果の数値はやはり2進数で表されますが、何bitの2進数で表すことができるか、ということをA/Dコンバータの**分解能**といいます。本キットで使っているマイコンの場合、分解能は10bitです。

参考

デジタル入力、つまりHレベル／Lレベルで電圧を認識することは、敢えて言えば、分解能1bitのA/D変換、ということもできるでしょう。

また、電圧を表す数値は、**基準電圧**に対する比を表す数値です。基準電圧をいくらにするかはいろいろな設定があるのですが、本キットでは電源電圧5Vを基準電圧にしています。ですから、入力が0Vのとき数値は0000000000、約5Vのときに1111111111になります。

参考

本キットでは、PICマイコンに内蔵されているA/D変換機能を利用して行います。

分解能が10bitの場合、基準電圧を2^{10} = 1024段階に分割して、入力電圧がそのうちの何番目の電圧に当たるか、ということを数値にするわけです。

ですから、変換結果の数値が同じでも、5V ／ 1024だけの電圧の幅があって、実際の電圧がその範囲の中のどこか、ということはわかりません。ですので、変換結果の数値で表される電圧と実際の電圧には差が付き物になります。これを**量子化誤差**といいます。

参考

連続的なものを、有限数の段階に区切ってその中のどれかに当てはめる操作を"量子化(quantize)"といいます。

本キットの場合、A/D変換ができるアナログ入力として使える端子はAポートのRA0とRA1の2つです。RA0は可変抵抗（VR1）の電圧、RA1はCdSセルの電圧です。

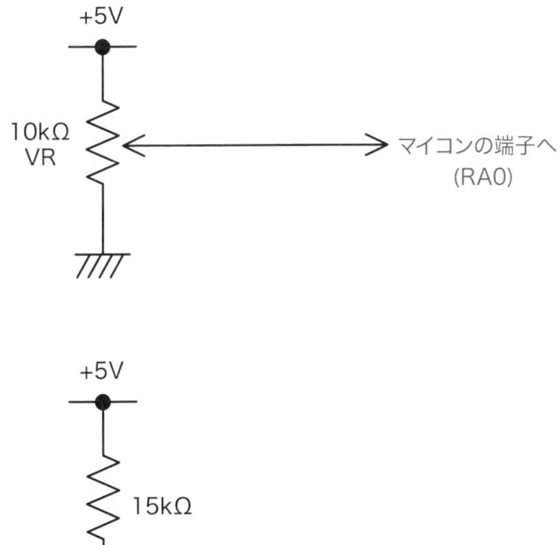

アナログ入力回路

▲図A4.10　VRとCdSの回路

いずれの回路も、電源電圧5Vを抵抗で**分圧**する形になっています。マイコンの端子には、入力に設定されている場合はほとんど電流が流れませんので、**図A4.11**でR1とR2には共通の電流が流れます。したがって、それぞれの抵抗にかかっている電圧は、抵抗の大きさの割合で配分されることになります。

抵抗の大きさの割合で電圧が配分されるのはどうしてですか？

〔回答〕

R1とR2が直列になっているので、マイコンの端子に電流が流れないとすれば、R1とR2に流れる電流は共通です。それを I とすると、R1にかかる電圧は $R1 \times I$、R2にかかる電圧は $R2 \times I$ で、その合計が電源電圧（5V）ですから、

$R1 \times I + R2 \times I = 5V$

よって、

$I = 5V / (R1 + R2)$

となり、それぞれの抵抗にかかる電圧は図A4.11のようになります。

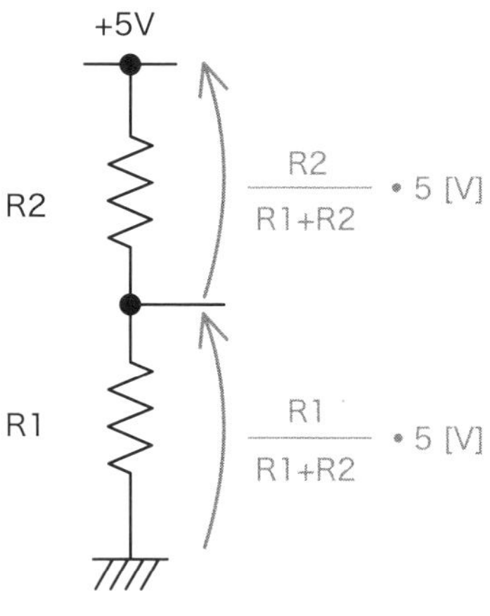

▲図 A4.11　抵抗による分圧

VR1は、ツマミを右に回すと**図A4.11**のR1が大きくなりR2が小さくなる向きに摺動子が動き、RA0の電圧が大きくなります。CdSセルの場合は、暗くなると抵抗が大きくなるので、R1が大きくなることに対応し、RA1の電圧が大きくなります。

A4-7 タッチ入力

スマホやタブレットなど、タッチパネルを使った機器が普及してきています。これらのタッチパネルのほとんどは、人の指が触れたことによる静電容量の変化を検知するしくみです。本キットでは、もっと安直な方法でタッチセンスを行っています。**図A4.12**は、本キットの**タッチセンサ**部の回路です。

人の体は導電性がありますので、指で触れると、人体という大きな電極が繋がった形になり、静電容量が大きくなると考えるとよいでしょう。

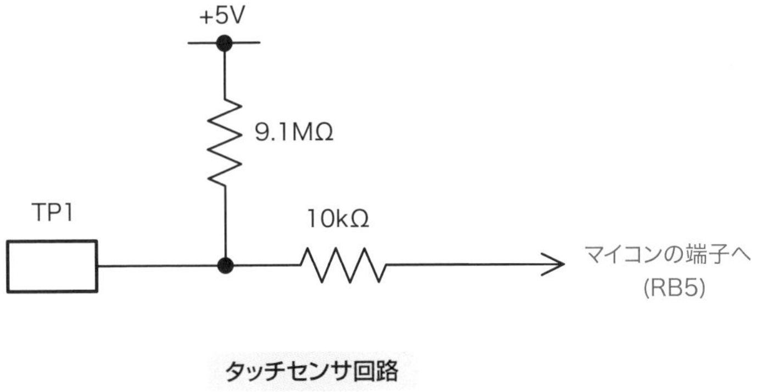

タッチセンサ回路

▲図 A4.12　タッチセンサ部の回路

タッチポイント（TP1）は、マイコンのBポートの端子RB5に繋がっているだけです。端子の保護のために10kΩの抵抗が入っています。また、電位が不定の状態にならないように、非常に大きな抵抗値（9.1MΩ）の抵抗で弱いプルアップをしています。

プルアップされていますので、普段はHレベルです。ところが、人の指がタッチポイントに触れると、人体は導体ですので、ここに大きなアンテナが繋がったような状態になります。わたしたちの身の回りには商用周波数の電灯線（要するに100Vのコンセント）がいっぱいあります。この周りには50Hzまたは60Hzの電磁界が広がっています。それを人体のアンテナが拾って、タッチポイントに微弱な電流が流れます。また、人の体は多かれ少なかれ静電気を帯びていますから、タッチポイントに触れたときに、この静電気がキットの回路に逃げることで微弱な電流が流れることになります。電流が非常に微弱でもプルアップ抵抗が大きいので、ある程度の大きさの電圧になり得ます。そうすると、マイコンの端子の電位が揺さぶられて、あるときにはLレベルになってしまうことがあるのです。これを検知するわけです。

アドバイス

オシロスコープのプローブを手で触るだけで、画面の輝線が波打つのもこれが理由です。

指先が乾燥していると、皮膚表面の導電性が低いので、感度が悪いことがあります。また、タッチポイントとGND端子を同時に触ると、マイコンの端子の電位は、9.1MΩのプルアップ抵抗と人体の抵抗で分圧された形になり、Lレベルと認識されやすくなることがあります。

A4-8 マイク入力

本キットの**マイク入力**部分の回路は**図A4.13**のようになっています。

参考

・コンデンサマイク

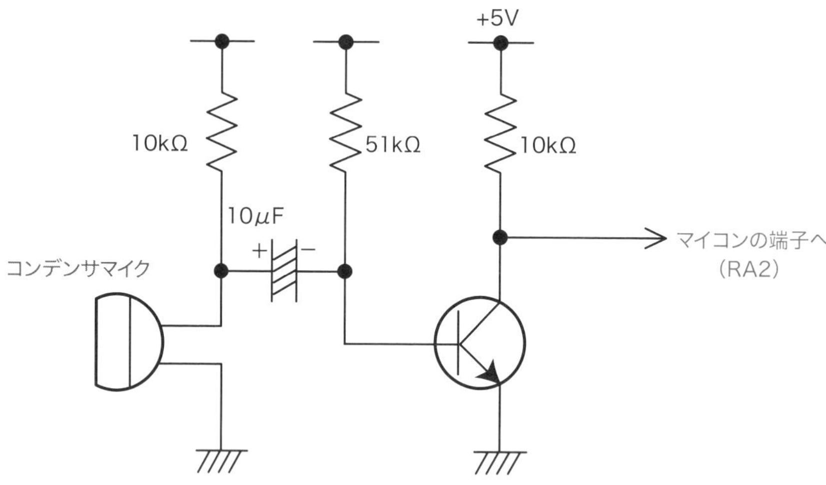

▲図 A4.13　マイク入力の回路

トランジスタの部分は、npnトランジスタの**エミッタ接地増幅回路**の典型的な形です。エミッタがGNDに繋がれ、ベースとコレクタにそれぞれ電源から抵抗を通して繋がっています。これらの抵抗は、それぞれベース電流、コレクタ電流を供給するための抵抗です。このようにトランジスタが動作できる状態にするために、電圧をかけたり電流を流すことを**バイアス**といいます。**バイアス電圧**、**バイアス電流**という言葉があります。バイアス（bias）とは「偏(かたよ)らせる」という意味で、「何もない状態から基準の位置をずらす」という意味です。

この回路では、それぞれ抵抗の値が固定されていますので、このようなバイアスのかけ方を**固定バイアス**といいます。実用的なトランジスタ増幅回路では、もう少し込み入った形の回路が使われます。

この回路の場合、ベースのバイアス抵抗が51kΩで、コレクタの負荷抵抗10kΩの5倍しかありません。したがって、もし51kΩで制限されるベース電流にトランジスタの電流増幅率（100以上はある）を掛けた大きさのコレクタ電流が流れたとすると、10kΩの抵抗の電圧降下は5Vをはるかに超えてしまうでしょう。つまり、コレクタの負荷抵抗10kΩに5Vがほとんど全てかかってしまうに十分な大きさのベース電流が流れている、という状態であるわけです。すなわち、このトランジスタは飽和（ON）の

アドバイス

バイアス電圧・バイアス電流で決まる、動作の基準となるポイントのことを“動作点”といいます。

アドバイス

仮に、電流増幅率が100だとすれば、10kΩに5Vが全部かかったとして、流れるコレクタ電流は5V／10kΩ＝500μAなので、ベース電流は5μAあれば十分ということになります。

状態にある、ということです。したがって、マイコンの端子への入力はLレベルになります。

ところが、マイクに大きな音が入ったとき、マイクの電圧が変化します。この変化は10μFの電解コンデンサを介してトランジスタのベースに伝わります。そして、ベースの電位が揺さぶられます。それによってベース電流が変化し、あるときにはON状態を保てなくもなり得ます。そうすると、コレクタ電流が減って、負荷抵抗の電圧降下が減り、マイコンの端子（RA2）にかかる電圧が上昇します。あるときには、これがHレベルと認識される瞬間が起きるわけです。

参考

コンデンサに流れる電流は、両端の電圧の時間変化に比例します。静電容量がその比例係数です。

参考

抵抗を通って流れる電流でコンデンサに蓄える電荷が供給されるとき、コンデンサの電圧が変化するのに要する時間は、静電容量と抵抗が大きいほど長くなります。この時間の尺度となるのが“時定数(time constant)”で、静電容量Cと抵抗Rの積で表されます。単位で言うと、

[Ω] × [F]
= [s]

です。

電気を水に例えるならば、静電容量はバスタブの大きさ、抵抗は水を注ぐパイプの細さ、コンデンサの電圧はバスタブの水位に相当します。

「[A3-2] コンデンサ」に記しましたように、コンデンサの電圧は蓄えられた電荷量に比例します。蓄えられた電荷は、瞬間的に消えたり、増えたりすることはありません。蓄えられた電荷量が変化するためには、電流が流れる必要があります。1秒間にどれだけの電荷量が変化したか、がコンデンサに流れる電流の大きさです。

つまり、コンデンサの電圧は電流が流れて初めて変化できるのであって、瞬間的に変わることはないわけです。

したがって、コンデンサの片側の電極の電位が変化したとき、その変化がある程度素早くて、電荷の出入りが付いて行けないほどのスピードであれば、もう一方の電極の電位も同じように変化してしまうということになります。そうでなければコンデンサにかかる電圧が変わることになります。電荷量が一定なら電圧も一定のはずです。

この性質を利用して、この回路のように、間にコンデンサがあるので「電極間の絶縁物のために直流の電圧・電流が伝わることはないけれども、電圧の変化は伝達できる」というようにして信号を伝達する方法を**抵抗-容量結合**（CR結合）といいます。

COLUMN [Ω] × [F] = [s] の理由

抵抗とコンデンサがある回路の電圧・電流が変化するときのスピードを表すパラメータが時定数です。

オームの法則によれば、[Ω] = [V] ／ [A] です。また、電流は1秒間に流れる電荷量ですから、[A] = [C] ／ [s] です。

したがって、[Ω] = ([V] ／ [C]) × [s]。

また、コンデンサの電荷量は静電容量と電圧の積ですから、[C] = [F] × [V] つまり、[F] = [C] ／ [V] です。したがって、[Ω] × [F] = [s] となります。

抵抗とコンデンサ、それぞれの全く時間とは関係のないパラメータ同士を掛け合わせると時間の単位になる、というのは一見不思議ですね。

A4-9 サウンド出力部

アドバイス
自動的に一定周期でH／Lの切り替えを行うために、タイマー割込みを使っています。

サウンド出力部の回路は**図A4.14**のようになっています。サウンド出力が有効になっているとき、マイコンの端子RB4からは一定の周期のH／Lの繰り返しの信号が出力されています。この繰り返しの周期を決めるのが、「**[B3-5] 音を鳴らす**」に記載の変数“SP”です。

RB4の出力電圧は抵抗R7を通ってトランジスタTR3のベースに加えられており、TR3がRB4からの信号に応じてON／OFFを繰り返します。これによって、コレクタの負荷抵抗R14に流れる電流がON／OFFして、TR3のコレクタ電圧が振動し、それが圧電ブザーに伝わって音が鳴るというしくみです。

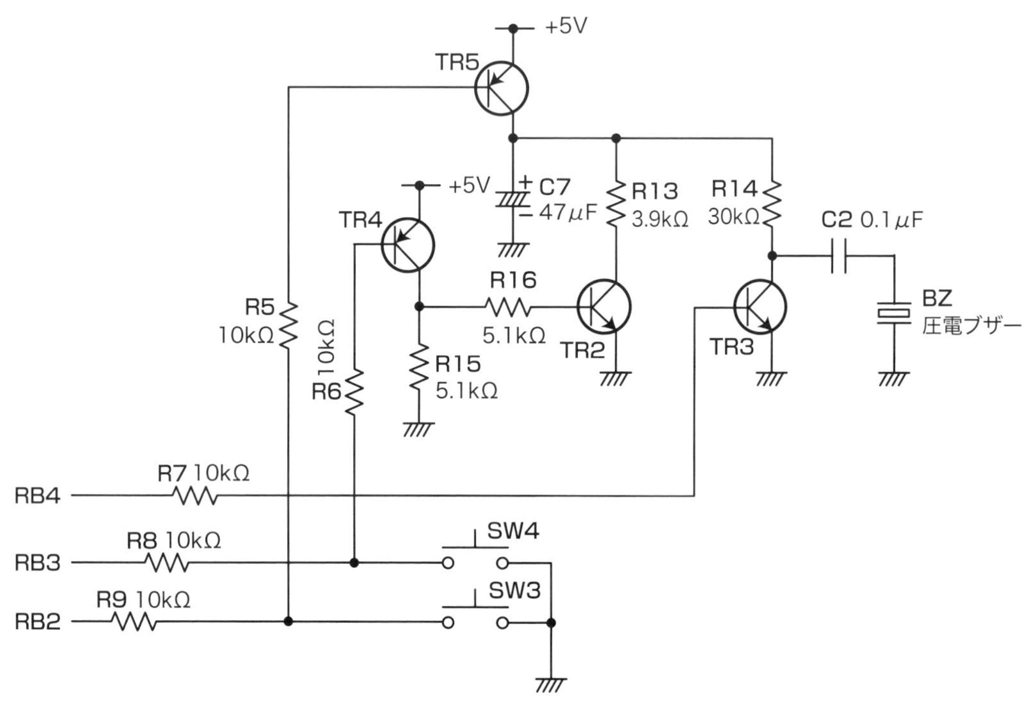

▲図 A4.14 サウンド出力部の回路

このとき、R14を流れるTR3のコレクタ電流を供給する電源になるのは、コンデンサC7に蓄えられた電荷です。そして、C7への電荷のチャージをON／OFFするスイッチがトランジスタTR5です。

TR5はマイコンの端子RB2でON／OFFされます。RB2をLレベル（0を出力）にするとTR5のベース電流が流れ、それが増幅されてC7を充電

参考

TR3がずっとONだとすると、C7の電圧が減衰する時定数は、
47μF×30kΩ
＝約1.4s
になります。実際にはTR3がOFFの期間が約半分あるので、減衰の時定数はこの約2倍、つまり、3秒くらいの時間をかけて減衰することになります。

する電流が流れます。RB2をHレベル（1を出力）にすると、TR5がOFFになり、音を鳴らすためにTR3がON／OFFすると、R14を通る電流でC7が徐々に放電します。C7が放電してだんだんと電圧が低下すると、TR3のコレクタ電圧の振幅が小さくなりますので、圧電ブザーを駆動する電圧振幅が小さくなり、音がゆっくりと次第に減衰することになります。電子すず虫の音色の減衰音はこのようにして作られています。

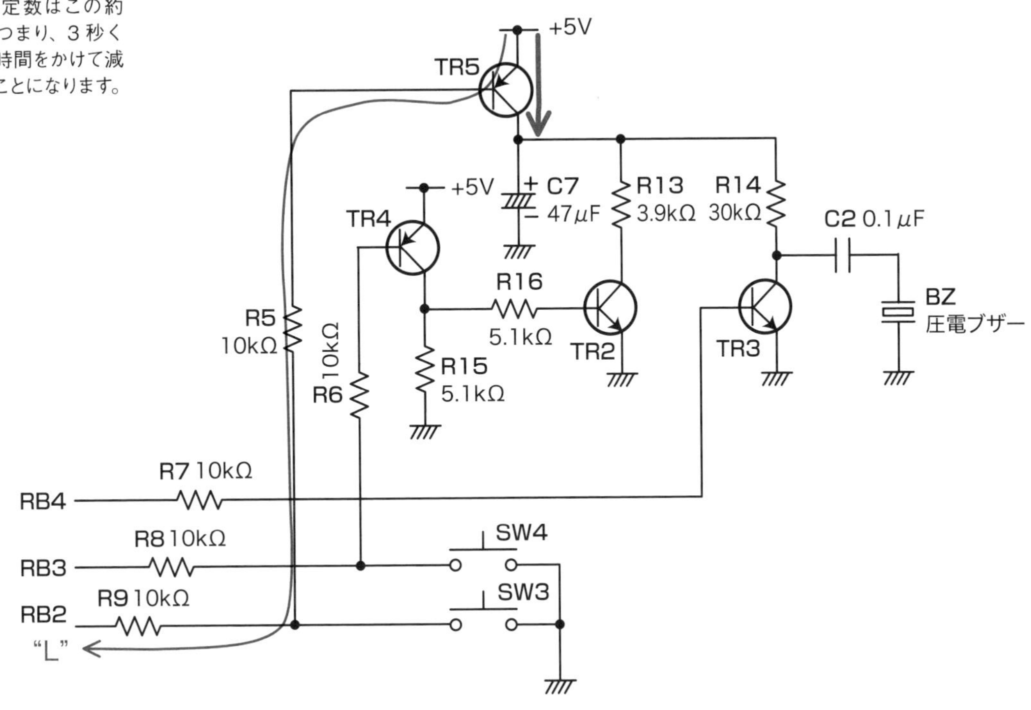

▲図A4.15　C7を充電している状態

この減衰をもっと速めるのがTR2です。TR2がONになるとR13を通ってC7の電荷が引き抜かれます。R13はR14よりずっと抵抗値が小さいので、C7の電圧が急激に低下することになります。これによって、ピアノライクな減衰音を実現しています。

TR2をONにするには、RB3をLレベル（0を出力）にしてTR4をONし、R16を介してベース電流を供給します。

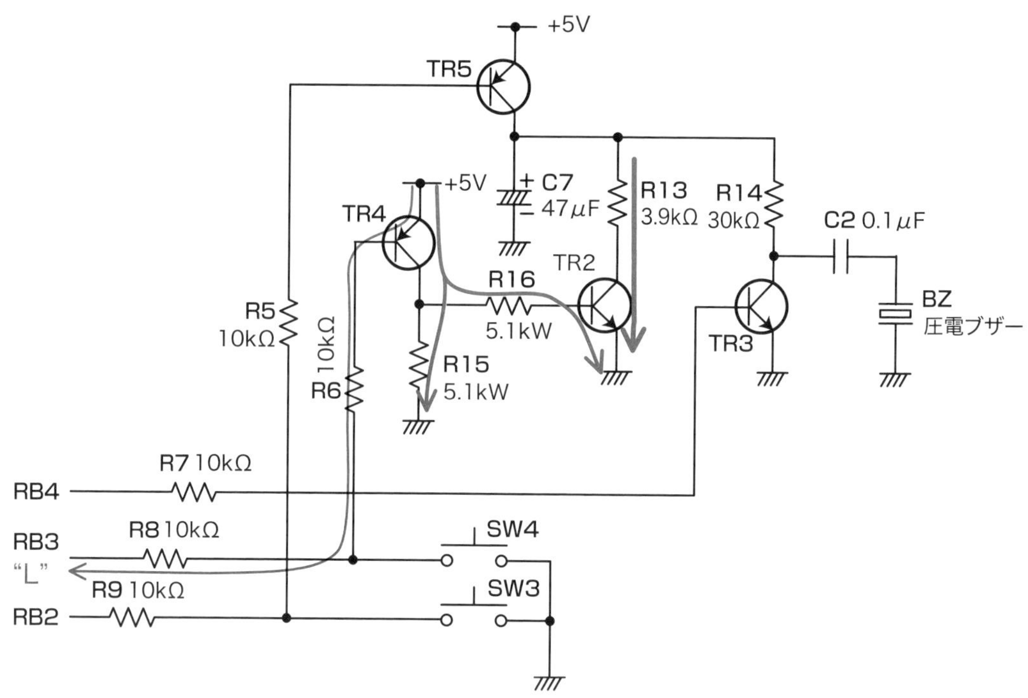

▲図 A4.16　C7 を放電している状態

以上のしくみで、RB2を一瞬だけLレベルにしてC7を充電すれば、RB3がHレベルなら余韻の長い減衰音、RB3がLレベルならピアノライクな減衰音が出せます。

RB2をずっとLレベルにしておけば、TR5がONのままでC7の電圧は低下しませんので、減衰のない音になります。

回路図で気付かれると思いますが、RB2やRB3をLレベルにすることは、それぞれSW3、SW4を押すことと同じです。ですから、プログラムでマイコンからの信号で音を鳴らす操作をしているときに、SW3やSW4を押して横やりをいれると、音がおかしくなってしまいますので注意してください。抵抗R8、R9は、RB2やRB3がHレベルを出力しているときにSW3やSW4が押されてしまった場合の、端子の保護の役割をしています。

A5 エレクトロニクスの Tips

> アドバイス
> ここではデジタル回路の基礎知識を学習します。

コンピュータの中は基本的に、電圧がHレベルの状態とLレベルの状態のどちらかです。この2つの状態の間で物事を論じることを**2値論理**といいます。2つの状態の一方を**真**（true）、もう一方を**偽**（false）といったり、“0”と“1”といったりします。一般には、“真”を“1”に、“偽”を“0”に対応させます。

ただ、これを電圧レベルに対応させる場合、Hレベルを“真”とするか、Lレベルを“真”とするかは考え方の問題で、前者を**正論理**、後者を**負論理**と呼びます。「[A4-5] 3-to-8デコーダ」のところで述べたように、どちらかというと、マイコン周辺のデジタル回路は負論理を基本として設計するのがベターです。ただし、マイコンの内部とI/Oを介しての外部との信号のやり取りでは、プログラム上の0が電圧のLレベルに、1がHレベルに対応しますので、ここは正論理になっています。

AND ゲート、OR ゲート

2値論理の回路の基本要素は論理ゲートです。複数の信号があったとき、それらの信号の間の論理には、AND（論理積）とOR（論理和）の2種類があります。

> アドバイス
> ・**AND ゲート**
> 全ての信号が真のときのみ真を出力します。
> ・**OR ゲート**
> どれか一つの信号でも真なら真を出力します。

ANDゲートは、全ての信号が真のときのみ真を出力します。

ORゲートは、どれか一つの信号でも真なら真を出力します。

偽を0とし、0でなければ真とみなすとすれば、ANDゲートは掛け算（つまり“積”）に、ORゲートは足し算（つまり“和”）に相当します。なぜなら掛け算では、どれか一つでも0があれば掛けたら0になってしまいますし、足し算では、どれか一つでも1があれば足せば1以上になりますから。

一般に信号には、その信号が真であるときにそれが何を意味するか、ということがわかるように、アルファベットの略号で名前（信号名）を付けます。例えば、読み出し信号ならreadという意味でRD、書き込み信号ならwriteという意味でWRなどという具合です。そして、信号が真になってその信号名の意味を持っている状態をactive（有効）、そうでない状態をinactive（無効）と表現します。また、信号をactiveにすることを**アサー**

ト（assert）、inactiveにすることを**ニゲート**（negate）とも表現します。

簡単のために、信号名をAとBとすると、2入力のANDゲート、ORゲートは、正論理では**図A5.1**のように表されます。

A	B	A·B
L	L	L
H	L	L
L	H	L
H	H	H

A	B	A+B
L	L	L
H	L	H
L	H	H
H	H	H

真理値表

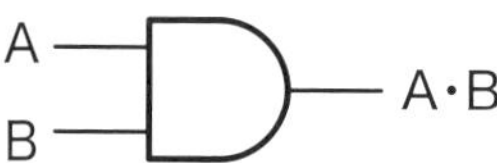

MIL記号

ANDゲート（正論理）　ORゲート（正論理）

▲図 A5.1　AND ゲートと OR ゲート（正論理）

ゲートの記号は、信号入力側（図で左側）がまっすぐで、出力端子側が丸いのがANDゲート、信号入力側が弓なりで、出力端子が尖（とが）っているのがORゲートです。こういう論理ゲートを表すクラゲ型の記号を**MIL記号**（ミルきごう）といいます。また、この表のように、入力信号の論理の組み合わせと、そのとき出力がどうなるかを表した一覧表を**真理値表**（しんりちひょう）といいます。

真理値表を見ると、Hレベルをactiveと考える正論理ではANDでも、Lレベルに注目するとORになっていることがわかります。同様に、正論理のORは、LレベルをactiveとすればANDです。つまり、正論理のANDは負論理ではOR、正論理のORは負論理ではANDです。これを図にすると**図A5.2**のようになります。

これを**ド・モルガンの法則**といいます。

$\overline{A}$	$\overline{B}$	$\overline{A}+\overline{B}$
L	L	L
H	L	L
L	H	L
H	H	H

$\overline{A}$	$\overline{B}$	$\overline{A}\cdot\overline{B}$
L	L	L
H	L	H
L	H	H
H	H	H

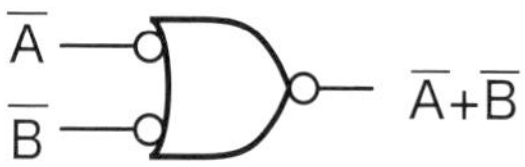

$\overline{A}$　$\overline{B}$　$\overline{A}\cdot\overline{B}$

ORゲート（負論理）　ANDゲート（負論理）

▲図 A5.2　AND ゲートと OR ゲート（負論理）

負論理の場合は、信号名の上に「−」（オーバーライン）を付けて、負論理の信号であることを明示します。

NOT ゲート、NAND ゲート、NOR ゲート

論理ゲートでもう一つ重要なのが**NOT**（ノット）**ゲート**です。NOTゲートは正論理と負論理を入れ替える操作（論理反転）をします。要するに、Hレベルの信号をLレベルに、Lレベルの信号をHレベルに変換します。論理を反転するので**インバータ**ともいいます。

C	$\overline{C}$
L	H
H	L

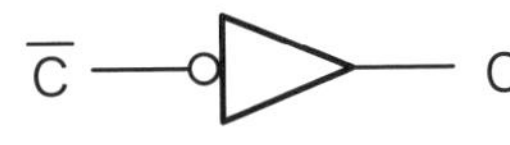

▲図 A5.3　NOT ゲート

MIL記号を使った回路図では、入出力端子の根元の小さな○が論理反転を意味しています。負論理の論理ゲートには端子の根元に○を付けるのはそういう意味です。NOTゲートの記号の三角形は増幅回路（アンプ）を表しています。一般に、電子回路の回路図で三角形の記号は増幅回路を意味します。この三角形は、信号の流れの向きを表す矢印と解釈するとよいでしょう。

アドバイス

図A4-3のNOTゲートの記号は、どちらも実体は同じですが、きちんと使い分けるべきです。

実用的には、ANDとNOTを組み合わせた形の**NAND**（ナンド）**ゲート**や、ORとNOTを組み合わせた形の**NOR**（ノア）**ゲート**が重要です。

あらゆる論理回路は、NANDゲートだけ、あるいはNORゲートだけで構成することもできます。

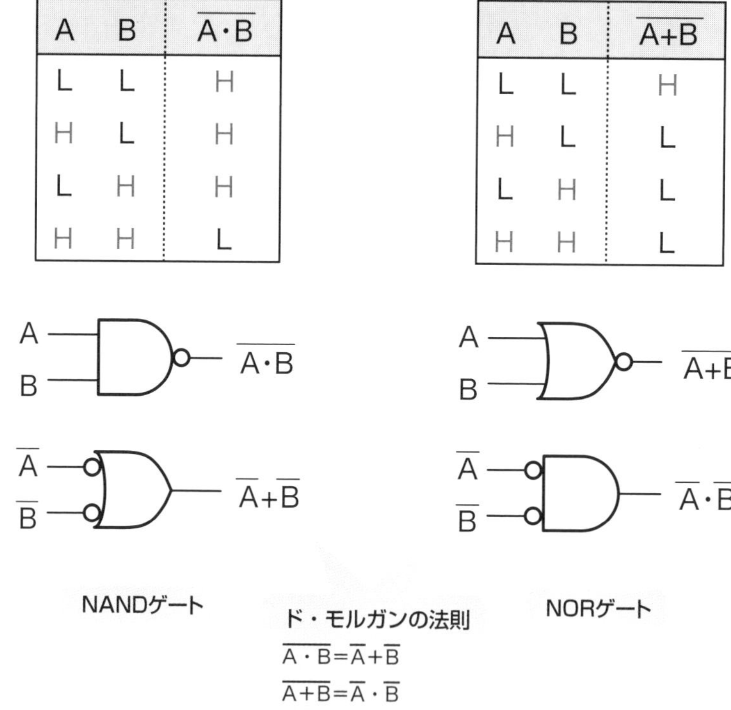

$\overline{A \cdot B} = \overline{A} + \overline{B}$

$\overline{A + B} = \overline{A} \cdot \overline{B}$

▲図 A5.4 NANDゲートとNORゲート

ある信号線を伝わる信号は、正論理か負論理のどちらかで、途中にNOTゲート（つまり、小さな○印）がない限り、勝手にH／Lが入れ替わることはありません。ですから、出力端子に○が付いて負論理で出力された信号が、別の論理ゲートの入力に繋がるところでは、必ず○が付いた入力端子、つまり負論理の信号入力に繋がるというのが大原則になります。負論理の信号は負論理で受け、正論理の信号は正論理で受けるのが原則、ということです。論理回路の回路図は、これを意識して描かないと、非常にわかりづらいものになってしまいます。

アドバイス

「負論理の信号は負論理で受け、正論理の信号は正論理で受けるのが原則」

標準ロジックICでは、2入力の論理ゲートは一般に14pinのパッケージに同じゲートが4つずつ入っています。例えば、NANDゲート4つで**図A5.5**のような回路を構成した場合、このような描き方だと、入力がどういう組み合わせのときに出力がactiveになるのかが、パッと見てわかりません。

分かりにくい描き方

▲図 A5.5　4 つの NAND ゲートを使った回路の描き方（よくない例）

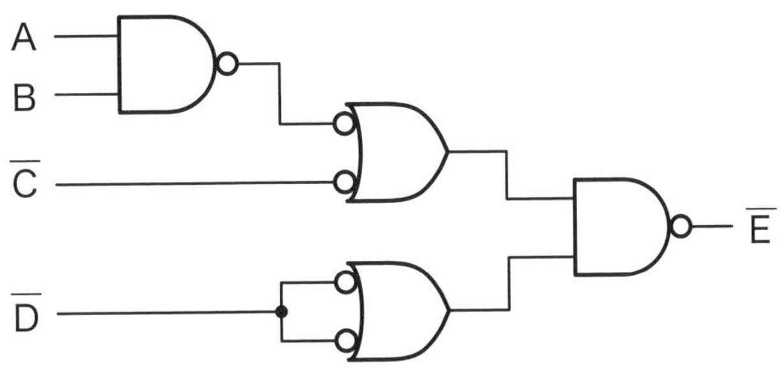

正論理・負論理を意識した描き方

▲図 A5.6　4 つの NAND ゲートを使った回路の描き方（正しい例）

これを、正論理の信号か負論理の信号かをきちんと意識して描くと、**図 A5.6**のようになり、ゲートを表すMIL記号の形を見れば、AとBが両方Hレベルであるか、または/CがLレベルであり、かつ、/DがLレベルのときに出力/EがLレベル（つまり、active）になる、ということが一目して読み取れます。

本書では /C はオーバーラインの付いた $\overline{\mathrm{C}}$ を表しています。

フリップフロップ

しかし、回路によっては、必ずしもこの原則通りに回路を描くことができない場合もあります。その代表的な例が**フリップフロップ**です。**図 A5.7**は**SRフリップフロップ**で、フリップフロップの基本形です。フリップフロップは1bitの状態を保持することができ、SRAM（スタティックRAM）の記憶素子になります。

RS フリップフロップとも言います。

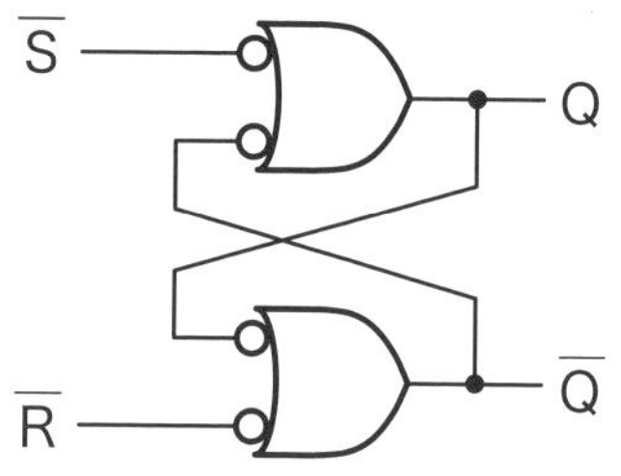

▲図 A5.7　SR フリップフロップ

2つの入力/Sと/Rは、普段はHレベル（inactive）でなければなりません。/Sを一瞬だけLレベルにしますと、その瞬間QがHレベルとなり、/RがHレベルですので/QがLレベルとなって、/SがHレベルに戻ってもQのHレベルが保持されます。同様に、/Rを一瞬Lレベルにしますと、QがLレベルとなってそれが保持されます。SはSet、RはResetの意味です。/Sと/Rの両方をLレベルにすることは禁止条件です。

この回路では、NANDゲートの出力から入力へのフィードバックがありますので、必然的に正論理と負論理のバッティングが生じます。

しかしながら、2つのNANDゲートを**図A5.8**のように描くことはよくありません。

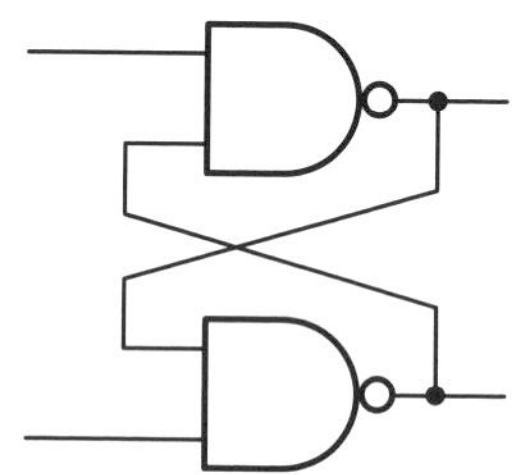

▲図 A5.8　SR フリップフロップのよくない描き方

なぜなら、/Sと/RはそれぞれLレベルになったときにその信号の意味を持つ、つまり負論理の信号だからです。

排他的論理和（XOR）

もう一つ重要な論理演算として**排他的論理和**（XOR）があります。排他的論理和とは、2つの入力のどちらか一方のみが真のときに真を出力するものです。「排他的」とは、一方が真のときは他方を排除するという意味です。XORゲートはMIL記号では**図A5.9**のように表します。

A	B	A⊕B
L	L	L
H	L	H
L	H	H
H	H	L

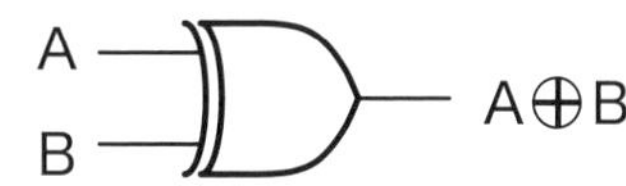

XORゲート（排他的論理和）

▲図 **A5.9**　XOR ゲート

一方がLレベルのときは他方がそのまま出力され、Hレベルのときは他方が論理反転して出力される、という見方もできます。

参考
あるいは、AとBが等しいときにL、異なるときにHという捉え方もできます。

XORゲートの中身をAND・OR・NOTで表すと**図A5.10**のように描くことができます。

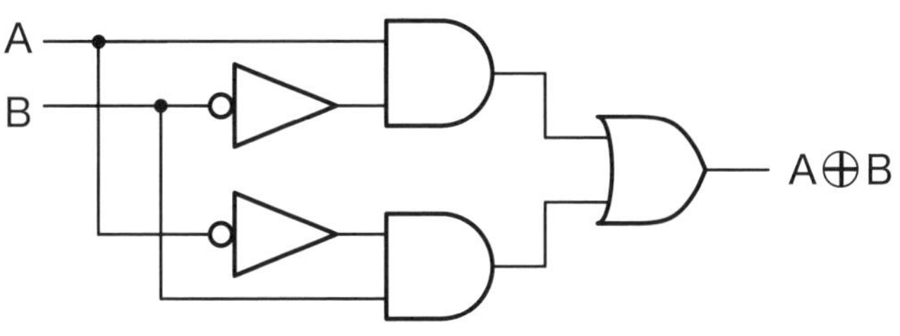

XORの構成例(1)

▲図 **A5.10**　XOR ゲートの構成例（1）

あるいは、NANDゲートだけを使って、**図A5.11**のように表すこともできます。

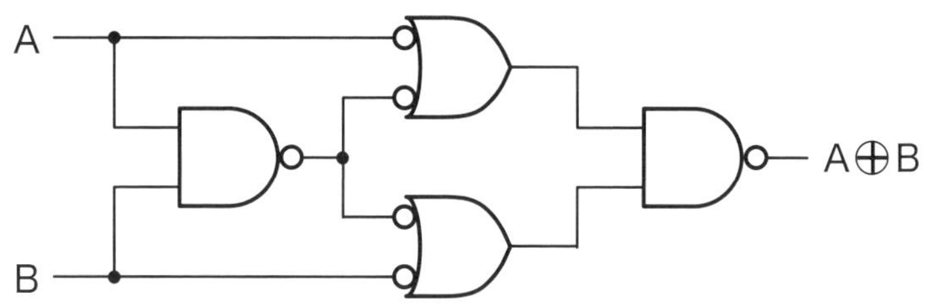

▲図 A5.11　XOR ゲートの構成例（2）

2進数の足し算、コンピュータの中での足し算

論理ゲートのことがわかったら、2進数の足し算ができることがすぐに理解できます。2進数では0と1しかありませんから、1bit同士の足し算では、足す組み合わせとしては**図A5.12**の4通りしかありません。

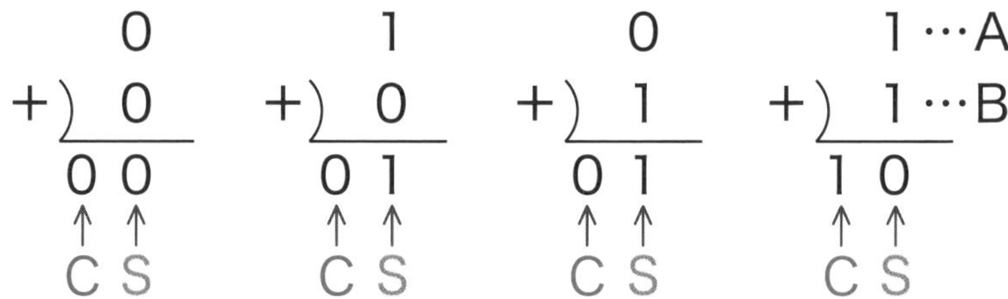

▲図 A5.12　2進数の足し算（1bit）

Sは足した答え（和：sum）です。Cは一つ上の桁への桁上がり（carry）です。

これを見ると、和（S）はAとBのどちらか一方が1のときに1になっています。これは要するに、排他的論理和（XOR）です。また、桁上がりが1になるのは、AとBの両方が1のときだけです。これはまさしくAとBのANDです。

つまり、XORゲートとANDゲートがあれば、2進数1bitの足し算ができることになります。

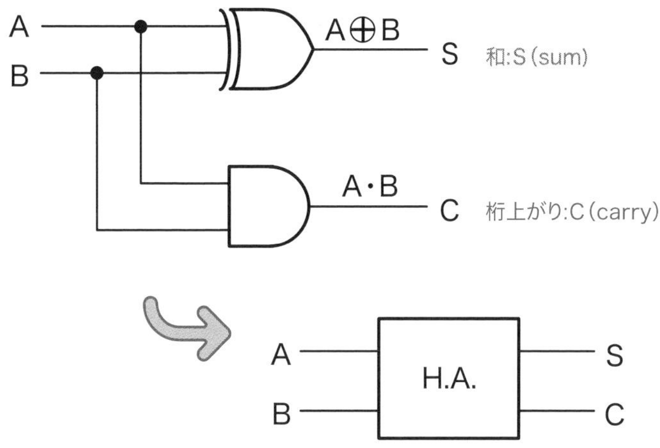

▲図 A5.13　半加算器

しかし、実際には、コンピュータの中でのデータは8bitや16bitを単位にして扱われますので、一番下の桁(LSB)についてはこれでよいのですが、それ以外の桁についてはこれだけでは不足です。つまり、その桁同士の足し算だけでなく、一つ下の桁からの桁上がりも合わせて足す必要があるからです。ですので、この回路は本来の足し算の半分だけ実現したもの、という意味で**半加算器**（Half Adder）と呼ばれます。

半加算器をもう一つ追加して、一つ下の桁からの桁上がりも合わせて足し合わせるようにしたのが**全加算器**（Full Adder）（**図A5.14**）と呼ばれ、これを桁の数だけ並べることで、8bit同士や16bit同士で足し算ができるようになります。コンピュータのCPUの中のALUには、そういう加算回路が備わっているわけです。

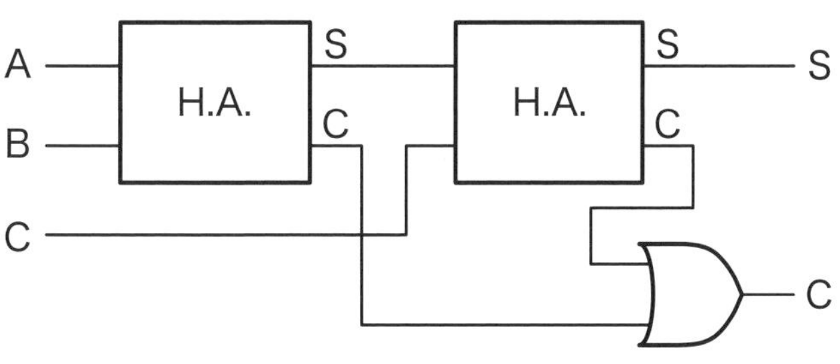

▲図 A5.14　全加算器

NAND ゲートの基本回路

では、ANDゲートやORゲートなどの論理ゲートはどのようにしてできるのでしょうか。これもそんなに難しい話ではありません。**図A5.15**は、NANDゲートの最も基本的な回路の例です。

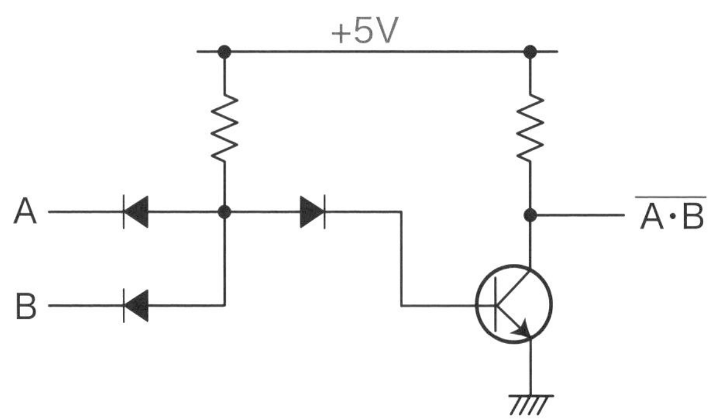

▲図 A5.15　NAND ゲートの基本回路（DTL）

AとBの信号入力のところにある黒い矢印の記号はダイオードです。LEDは矢印を丸で囲んだ記号で表しますが、発光しない普通のダイオードは黒い矢印の記号で表します。矢印の向きが電流の流れる向き（順方向）です。「**[A3-3] トランジスタ**」のところで述べたように、シリコンのpn接合ダイオードの順方向電圧は、およそ0.6～0.7Vです。トランジスタのベース-エミッタ間も同じです。また、ダイオードは逆向きには電流が流れません（全くゼロではありませんが…）。この性質があることを念頭に置いて、**図A5.16**について考えてみましょう。

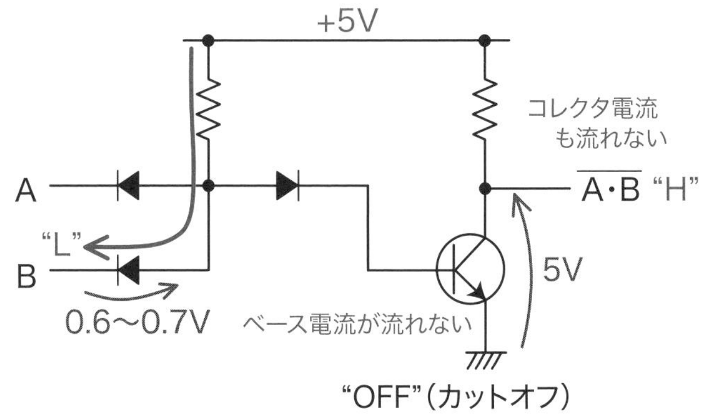

▲図 A5.16　どちらか一方が L レベルのとき

参考

・ダイオード

アノード

カソード

AとBのどちらか一方でもLレベルのときは、電源からダイオードを通ってそちらに電流が流れます。仮に、BがLレベルで0Vになったとしましょう。このとき、ダイオードの順方向電圧が0.6〜0.7Vですから、3つのダイオードの共通に繋がっているアノードの電位がこの値になります。ところで、トランジスタのベース電流が流れるためには、ベース-エミッタ間に必要な0.6〜0.7Vと、さらに図で右向きのダイオードの順方向電圧0.6〜0.7Vが必要です。つまり、少なくとも1.2V以上がないと、トランジスタにベース電流を供給することができません。したがって、このときトランジスタにベース電流が流れず、トランジスタはOFFの状態になります。ベース電流がゼロですからコレクタ電流もゼロで、コレクタの負荷抵抗の電圧降下が起きず、出力端子の電圧は5V、つまりHレベルとなります。

もちろん、AもBも両方ともLレベルでも話は同じです。

次に、AとBが両方ともHレベルのときは、それぞれの端子の方に電流は流れませんから、右向きのダイオードを通ってトランジスタのベースに電流が流れることができます。

参考

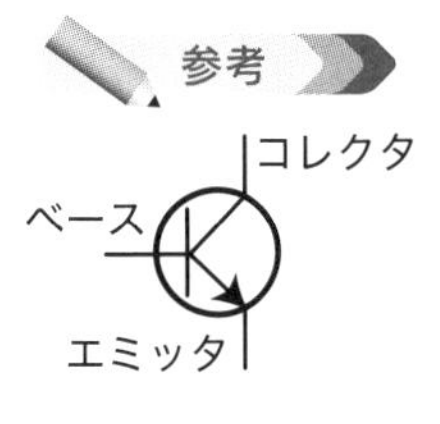

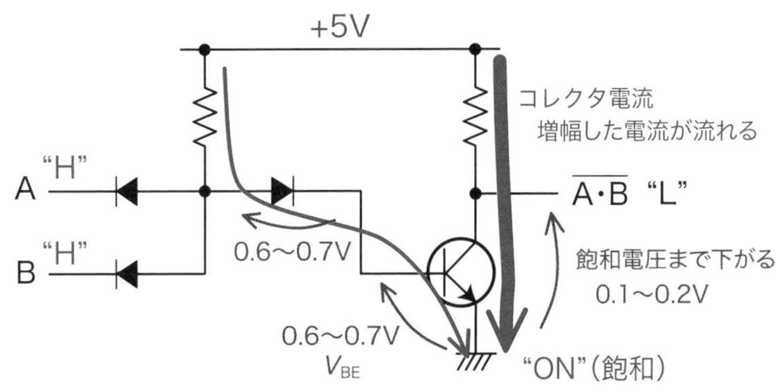

▲図 A5.17　両方ともHレベルのとき

したがって、トランジスタはONとなり、コレクタ電流が流れて出力端子の電位はコレクタ-エミッタ間の飽和電圧0.1〜0.2V程度にまで下がり、Lレベルとなります。

これで、AとBの少なくとも一方がLレベルのときは出力がHレベルで、両方ともHレベルのときに出力がLレベル、すなわちNANDゲートになっていることがわかります。

AとBの端子に図で左向きに繋がっているダイオードは、片方がHレベルのとき、他方がLレベルになった場合に、そちらの方に電流が流れてしまわないように阻止するため、また両方ともHレベルのときに、トランジスタのベース電流が流れてアノードの電位が下がったときにその影響を受けないようにするために必要です。

ダイオードのアノード部分の電位は、AとBの少なくとも一方がLレベルのときにLレベルという負論理のORゲートの働きをしており、このようにダイオードによって構成される論理回路を**ダイオード論理**と呼びます。

また、図で右向きのダイオードは、AとBの少なくとも一方がLレベルのときに確実にトランジスタをOFFにするために、ベース電流が流れるのに必要な電圧をダイオードの順方向電圧分だけかさ上げする役目をしており、このように順方向電圧分だけ電位をずらすために挿入されるダイオードを**レベルシフトダイオード**と呼びます。

この回路は、DTL（Diode Transistor Logic）と呼ばれ、論理ゲートを実現する回路の原理的な基本形です。これを発展させたのが**TTL**（Transistor Transistor Logic）で、実用的な標準ロジックファミリとしての定番になっています。

TTLのスイッチング素子は、ベース・エミッタ・コレクタのトランジスタ（これを**バイポーラトランジスタ**という）ですが、トランジスタには、動作原理の異なるもう一つ別のタイプ**FET**（Filed Effect Transistor：日本語では、**電界効果トランジスタ**）があります。これをスイッチング素子とした標準ロジックファミリが**CMOS**です。CMOSの回路は、消費電力が少ないことが最大の特徴で、現代ではほとんどの半導体デバイスはCMOSでできているといってよいでしょう。

“レベルシフトダイオード”という言葉は、回路中でのダイオードの役割を表す言葉であって、そういうダイオードの種類があるわけではありません。

TTLの標準ロジックICは74xxxxの型番のシリーズが定番です。

FETは、ゲート、ドレイン、ソースの3つの電極からなる素子で、ゲートとソース間の電圧で、ドレイン-ソース間に流れる電流を制御します。

接合型FETとMOS-FETの2種類のタイプがあります。

CMOSのCはComplementary（相補的）、MOSはMetal（金属）、Oxide（酸化物、要するにSiO_2）、Semiconductor（半導体）のそれぞれの頭文字です。

MOSは3つの材料からなる積層構造を表す言葉であって、金属酸化物でできた半導体という意味ではありません。

モニタプログラムでプログラミングを学ぼう

Ver.3 は、パソコンと接続して通信をしながら、コマンド操作で回路を動作させたり、オリジナルのプログラムを組んで動作させたりすることができる**モニタプログラム**を搭載しているところが、Ver.2 と異なる最大の特徴です。これから、この Ver.3 に搭載のモニタプログラムを使って、回路の動作（ハードウェア）と関連付けながらプログラミングについて学びましょう。

B1 モニタプログラムのコマンド操作

B1-1 モニタプログラムの起動

「新居浜高専PICマイコン学習キットVer.3」のJ2（ICSP用の5pinのピンソケット）にUSBシリアル変換ケーブル、もしくはUSBシリアル変換モジュールを繋ぎ、パソコンと接続します（「USBシリアル変換ケーブル」または「USBシリアル変換モジュール」は別途購入する必要があります）。

図B1.1に示すJ2の5pinのうち、パソコンとの通信に使用するのは下側の3pinで、信号はUARTによる5Vロジックレベルのシリアル通信の**送信データ（TxD）**と**受信データ（RxD）**です。これにUSBシリアルの変換デバイスを接続することで、パソコンのUSBコネクタに繋ぐことができます。

用語解説

・UART
Universal Asynchronous Receiver Transmitterの略で、調歩同期式（非同期式）のシリアル通信のための送受信器という意味。

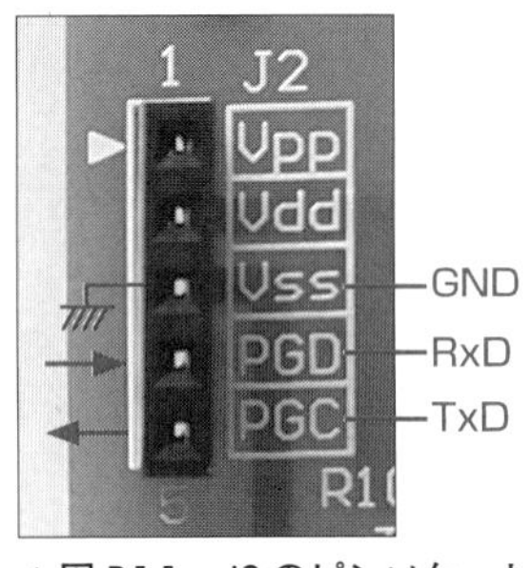

▲図 B1.1　J2のピンソケット

参考

図B1.1の矢印は、信号の流れの向きを表しています。TxDは送信データ、RxDは受信データという意味です。

参考

・超小型USBシリアル変換モジュール
［AE-FT234X］秋月電子通商で購入できます。

注意

J2のPGD（RxD）はUSBシリアル変換デバイス側のTxDに、J2のPGC（TxD）は変換デバイス側のRxDにつなぎます。

USBシリアル変換のデバイスとしては、秋月電子通商で販売されている「**FT234X超小型USBシリアル変換モジュール**（AE-FT234X）」を使用することができます。ただし、このモジュールに同梱されているピンヘッダは細ピンタイプのため、本キットのJ2に繋（つな）ぐには、標準の太さのピンヘッダを使用することをお勧めします。**図B1.2**のように、標準の太さの5pinのピンヘッダの2本の頭をカットし、残りの3本のみをハンダ付けします。モジュールの部品面側が基板の外側になるようにJ2に接続します。

〔超小型USBシリアル変換モジュール〕

AE-FT234X

この２本のこの部分をカット

標準の太さのピンヘッダ

(a)

(b)

(c)

▲図 **B1.2**　USB シリアル変換モジュール FT234X を用いた場合の J2 への接続方法

> **注意**
>
> モジュールに同梱されている細ピンタイプのピンヘッダだと接続がゆるいので、標準の太さのピンヘッダを使用することをおすすめします（標準の太さのピンヘッダは別に購入する必要があります）。
>
> 図B1.2(b)のように、変換モジュールのGND、TxD、RxDに標準の太さのピンヘッダをはんだ付けしてください。
>
> 図B1.2(c)のように、VssにGND、PGDにモジュール側のTxD、PGCにモジュール側のRxDを差し込みます。

また、FTDI社の「USBシリアル変換ケーブル（TTL-232R-5V）」を用いることもできます。この場合は**図B1.3**のようにジャンパーケーブル（ジャンパーワイヤー）等で接続するとよいでしょう。

これらのUSBシリアル変換のデバイス（AE-FT234X、FTDI社のUSBシリアル変換ケーブル）には、いずれもFTDI社のチップが使われていますので、パソコンにはFTDI社から提供されているVCP（Virtual Communication Port）ドライバをインストールしておいてください。ドライバは、FTDI社のホームページからダウンロードすることができます。

用語解説

・UART

（先ほど解説したUARTの補足）

調歩同期式シリアル通信は、コンピュータの黎明期から存在している最もベーシックな通信の仕方。送受信側で1bit分の時間の長さを予め取り決め（T秒とする）、信号線の電圧をT秒間アサートし（これをスタートビットという）、その後データの０／１に応じて、LSBから順にMSBまでT秒間ずつ電圧を上げ下げする。最後にT秒間以上ニゲートする（これをストップビットという）。データは基本的には8bit単位。ストップビットの前にパリティビットが挿入されることもある。一般に（ベースバンド伝送の場合は）、1／Tをボーレート（baud rate）という（ベースバンド伝送とは、変調を使わずに伝えたい信号をそのまま伝送線路に乗せること）。

参考

・USBシリアル変換ケーブル

[TTL-232R-5V]

秋月電子通商で購入できます。

アドバイス

・FTDI社のドライバ：VCP

https://ftdichip.com/drivers/

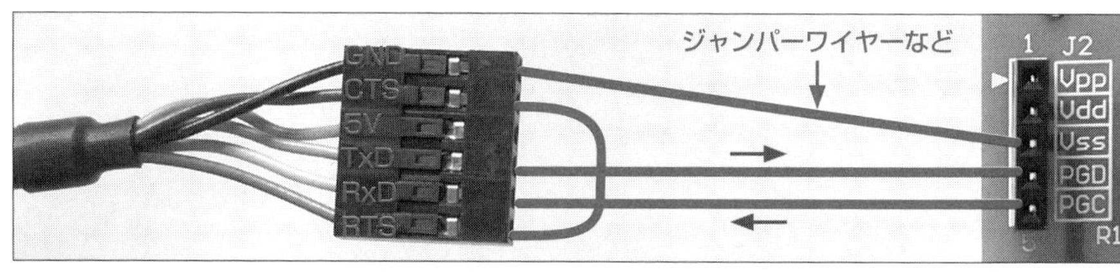

▲図 B1.3　FTDI の USB シリアル変換ケーブルの場合の J2 への接続方法

参考

図 B1.3 の矢印は、信号の流れの向きを表しています。

キットの回路側のTxD はケーブル側のRxD に、回路側のRxD はケーブル側のTxD に繋ぎます。

注意

ブレッドボード用のジャンパーワイヤなどを利用して、図B1.3のように接続してください。

USB変換ケーブルのGNDをVssに、TxDをPGDに、RxDをPGCに接続し、CTSとRTSを接続します。

ターミナルソフト（TeraTerm など）を起動

注意

TeraTerm のインストール方法、操作方法は本書では解説していません。

注意

TeraTerm を起動するより前に、USB シリアル変換ケーブルをパソコンに接続しておいてください。

パソコン側は、TeraTermなどのターミナルソフトを起動します。TeraTermはフリーウェアで、ターミナルソフトとしては定番となっているものです。

TeraTermの場合、起動時のダイアログで“シリアル”を選択し、USBシリアル変換デバイスに割り当てられたCOMポート番号を選択します。

FTDI社のチップが使われているUSBシリアル変換デバイスがUSBコネクタに接続されていると、“USB Serial Port”といった表記が、ダイアログのCOMポートを選択するコンボボックスに候補として表示されるはずです。USBコネクタは、TeraTermを起動する前に挿してください。

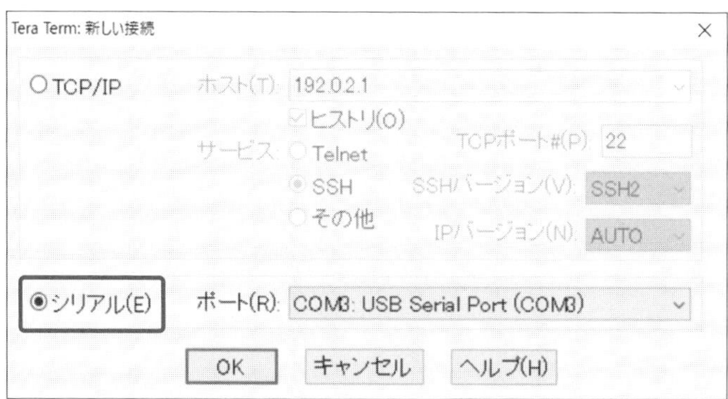

▲図 B1.4 「シリアル」を選択

また、COMポート番号は、Windowsのデバイスマネージャで確認することができます。

ターミナルソフトの設定は、TeraTermの場合はデフォルトのままで構いません。

ボーレート：9600baud、改行コード：CR、文字コード：UTF-8
です。

接続する順序

パソコンとキットの回路とを接続する際には、順序※1としては、

① まず、USBシリアル変換ケーブル（または変換モジュール）をJ2につなぐ。

② USBコネクタをパソコンに挿す。

③ 最後に、キットにACアダプタをつなぐ。

という順番を守るのがベターです。

片付ける際は逆に、

① キットのACアダプタを抜く。

② USBコネクタをパソコンから抜く。

③ J2の接続を外す。

という順序が望ましいです。

モニタプログラムの起動

接続ができてTeraTermが起動できたら、スイッチは押さずに回路の電源をONし、デジタル時計（「**[A1-4] 内蔵プログラム**」の「❿デジタル時計」を参照）として動作している状態で、**SW1、SW2、SW3の3つを同時に押します**。すると、ターミナル画面に**図B1.5**のように表示されてモニタプログラムが起動します。

```
*** NNCT-Kit Ver.3 MONITOR (Designed by M.Deguchi) *** (2021年11月作成)

"H"コマンドでヘルプ表示
"Hz"(z=1～15)コマンドでz番目のサンプルプログラムの説明を表示



>
```

▲図 B1.5　モニタプログラム起動時のタイトル表示

教えて

※1：なぜこの順序がよいのですか？

〔回答〕

この順序が望ましい理由は、一つには「回路の電源が入ってマイコンが動作するより、USBシリアル変換デバイスが先にパソコンに接続されてWindowsにCOMポートとして認識されていないと、通信がうまく行かないことがあるということ」、それからもっと重要なことは「信号線で繋がる2つの機器を起動させるときには、それぞれの電源をONする前に、まずそれぞれの機器のGND電位を合わせておかなければならない」ということです。ケーブルのコネクタの抜き差しの操作をする際には、このことに注意が必要です。GND電位がずれている状態で信号線だけが繋がってしまうと、信号線に過大な電流が流れて装置が壊れてしまう危険があります。ただ、USBコネクタの場合は、その特徴として活線挿抜（かっせんそうばつ）が可能、つまり装置の電源を入れたままで抜き差しができるように作られています。ですので、この場合はたとえこの順序を守らなくても問題が生じることはないはずではありますが、本来は電源が入ったままでコネクタを抜き差しするというのは、電気の知識を持つエンジニアとしては全く非常識な行為であることはわきまえておくべきです。

USBコネクタは活線挿抜可能ですが、J2はそうではありません。ですから、接続するときにJ2を最後につなぐこと、片付けるときにJ2を最初に外すことは厳禁です。

→（次ページ）

→（前ページの続き）
ちなみに、USBコネクタは活線挿抜が可能とはいえ、これはコネクタをきちんとまっすぐに抜き差しした場合の話ですので、USBコネクタを抜く際に、よくコネクタをクネクネしながら抜く人がいますが、これは絶対にしてはいけない行為です。

注意

“ ”は、文章中において、文字、コマンドをわかりやすく、強調するために付けたものです。コマンドを入力する際、“ ”は入力しません。

用語解説

・オペランド
オペランド(operand)とは、演算や操作(operation)の対象となるデータのこと。コマンド文字列に続いて入力するデータ。

カーソルが点滅しているところの“>”は、コマンドプロンプトといって、コマンドの入力を待っている状態です。

“H”キー（大文字）を押してEnterすると、モニタコマンドについての次のような説明が表示されます。

コマンド文字列の大文字と小文字は区別されますので、ここに表示された通りにしたがってください。

“RA=”　Aポートにオペランド値（0～255）を出力する。
“RAz=”（z=3,4,5）RAzに0または1を出力する。
“RBz=”（z=2,3）RBzに0または1を出力する（SON時のみ）。
“RC=”　Cポートにオペランド値（0～255）を出力する。
“RCz=”（z=0～7）RCzに0または1を出力する。
“RAz?”（z=0,1）RAz（ANAz）の電圧をA/D変換した結果を表示する。
“RA2?”RA2から入力した値を0または1で表示する。
“RB?”Bポートから読み込んだ値の下位4bitの値（0～15）を表示する（RB2,3はSOFF時のみ有効）。
“RBz?”（z=0～3,5）RBzから入力した値を0または1で表示する。
“SON”発音可の状態にする（RB2,3が出力に設定される）。
“SOFF”発音禁止の状態にする（RB2,3が入力に設定される）。
“SDo1”　下のドの音を出す。
“SRe”　レの音を出す。
“SMi”　ミの音を出す。
“SFa”　ファの音を出す。
“SSo”　ソの音を出す。
“SRa”　ラの音を出す。
“SSi”　シの音を出す。
“SDo2”　上のドの音を出す。
“wait(z)”（z=1～4998）　およそ0.2msのz倍の時間待つ。
“print(z)”　zの値を表示する（例）“print(RA0)”は“RA0?”と同じ動作。
“send(z)”　zの値を文字コードとして送信する。

“L”　プログラムリストを表示する。
“G”　プログラムを実行する。
“E”　プログラムを消去する。
“Pz”（z=1～15）　z番目のサンプルプログラムをロードする。
“z:（ステートメント）”　z行目にステートメントを挿入する（z行目以降の行番号はインクリメントされる）。
“z:”　z行目を削除する（z行目以降は行番号がディクリメントされる）。

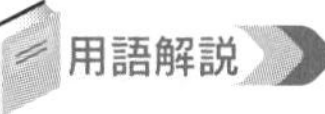
用語解説

・ステートメント
処理の内容を表した単位となる記述のこと。“～文”と呼ばれる（B2-1参照）。

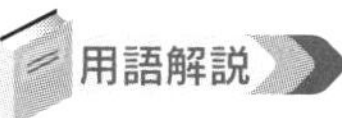
用語解説

・インクリメント
増加という意味。プログラム用語として+1すること。

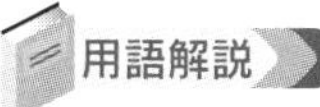
用語解説

・ディクリメント
減少という意味。プログラム用語としては－1すること。

B1-2 ポートの出力コマンド

アドバイス

・1ビット
（0、1の2通り）
・2ビット
（00、01、10、11の4通り）
・3ビット
（000～111の8通り）
・8ビット
（00000000～11111111の2の8乗＝256通り）

モニタプログラムが起動した直後は、7セグメントLEDの右端が点灯しているはずです。どのLEDのグループが点灯するかはAポートのRA3、RA4、RA5の3bitで選択されます（Aポートのうち、出力に設定されているのはこの3bitのみです）。

▼表 B1.1　Aポートの値と点灯するLEDグループの選択

RA5	RA4	RA3	Aポートの値	点灯するLEDのグループ
0	0	0	0x00	左端の7セグメントLED
0	0	1	0x08	左から2つめの7セグメントLED
0	1	0	0x10	右から2つめの7セグメントLED
0	1	1	0x18	右端の7セグメントLED
1	0	0	0x20	サイコロLED
1	0	1	0x28	フルカラーLED
1	1	0	0x30	8つ並んだLED

ですから、例えば、コマンドで、

RA=0x30 Enter

と打つと、8つ並んだLED（D4～D11）が点灯します。

10進数で、

RA=48 Enter

としても同じです（0x30は10進数では48）。

"RA=" コマンドは、Aポートの8bitをまとめて設定するコマンドですが、

RA3=0 Enter または、RA3=1 Enter

などと打って、1bitずつ単独に0にしたり1にしたりすることもできます。

＝の前には空白（スペース）を入れないようにしてください。

コマンドとして打つ場合は、"="までの文字の並びがコマンドですので、"="の前には空白（スペース）を入れないようにしてください。プログラム中でRAを変数として扱う場合はこの限りではありません。

LEDのグループのうちの、どのLEDを点灯させるか

・Aポート：
LEDのグループの選択。
・Cポート：
LEDのグループのうちのどのLEDを点灯させるかを選択。

選択したLEDのグループのうち、どのLEDを点灯させるかは、Cポートの8bitで決まります。Cポートのうち0が出力されたbitに繋がっているLEDが点灯します。

例えば、

RC=0 Enter

例えばサイコロLEDで「3」の目を表示させたい場合は、
RA = 0x20
RC = 0xB6
とします（「[B3-1] マイコンのピンアサイン」を参照）。

とすれば、選択したLEDグループのLEDが全て点灯します。

RC=255 

とすれば、全て消灯になります。255は16進数では0xFFで、8bit全てが1です。

Aポートと同様に、指定したbitだけ0にしたり、1にしたりすることもできます。例えば、

RC0=0 Enter または、RC0=1 Enter

で、8つ並んだLED（D4～D11）では右端のLEDを、7セグメントLEDの場合はaのセグメント（上の辺）をON／OFFできます。

7セグメントLEDのコントロール

7セグメントLEDの“日”の字の部分は7つのセグメント（部分）からできているので、Cポートの8bitのデータのMSBを除く7bitで表示をコントロールします。回路図（**図A1.4**）を見るとわかると思いますが、左から2つめの7セグメントLEDを選択したときには、CポートのMSB（RC7）で、時計表示の場合の“：”の部分の点灯が制御されます。

各セグメントとCポートのbitとの対応については、「**[B3-1] マイコンのピンアサイン**」を参照してください。

→[B3-4] 7セグメントLEDに数字を表示する

たとえば、

RA=0 

RC=0xF9 Enter

とすれば、左端の7セグメントLEDに1が表示されます。

COLUMN PICマイコンのI/Oピンの名称

キットに使われているマイコンPIC16F18857にはAポート、Bポート、Cポートの3つのそれぞれ8bitのI/Oポートがあります。“ポート”とは“port”、つまり、データが出入りする港という意味です。ですので、これを表す記号としては、portの頭文字をとって、“PA”とか“PB”と称するのが自然な気がします。ところが、どういうわけかPICマイコンでは“RA”、“RB”という表記が使われます。

“P”ではなく“R”が使われるのは、おそらく（筆者の推測ですが）、このI/Oピンの状態を保持するためのレジスタ（register）のデータ、というニュアンスを強調したかったのではないか、と考えられます。

レジスタとは、要はbit数の数だけフリップフロップを並べたもので、一時的にデータを記憶するための小さなメモリともいうことができます。

スーパーなどでお金を払うところの“レジ”は、“レジスタ”の略です。お客から受け取ったお金を一時的に蓄えておくところという意味です。

B1-3 ポート入力のコマンド

Bポートは、RB0～RB3とRB5が入力に設定されているbitです。ただし、サウンド出力をONにしたとき（**SON**コマンド実行時）は、RB2とRB3が出力に切り替わります。**SOFF**コマンドでRB2、RB3が入力になり、サウンド出力が無効になります。

参考

※1：サウンド出力時にSW3やSW4を押すと音がおかしくなります。

RB0がSW1、RB1がSW2、RB2がSW3、RB3がSW4にそれぞれ対応[※1]しています。

各スイッチを押しているとき、対応するbitが0になります。スイッチを押していないときは1になります[※2]（「**[A4-3] スイッチと入力**」参照）。

参考

※2：つまり、スイッチ入力の信号は、基本的に負論理です。

```
RB? [Enter]
```

で、RB0～RB3の4bitを読み込んだ値を表示します。どのスイッチも押していなければ、4bitとも1ですから、値は0x0F、10進数で15になります[※3]。

注意

※3：RB?コマンドでは、RB5の値は読み取られません。上位4bitは常に0になります。

SW1が押されていたら、RB0が0になりますので、値は0x0E、10進数では14になります。

bitの番号を付けて、

```
RB0? [Enter]
```

などとすると、個別のスイッチの状態を読み取ることができます。対応するスイッチが押されていれば0、押されていなければ1の値を返します。

RB5はTP1（タッチポイント）に繋がっています。

```
RB5? [Enter]
```

とすると、TP1に指を触れていれば0（ときどき）、触れていなければ1の値を返します（指先が乾燥していると感度が悪い場合があります。感度が悪い場合は、GND端子も一緒に触ってみてください）。

参考

※4：プログラムでRA2の読み取りを繰り返すようにすれば、プログラムの実行はコマンドを打ってEnterするのに比べればはるかにスピードが速いので、1になった瞬間を捉える確率が高くなります。

Aポートの RA2も入力で、マイクが繋がっています。

```
RA2? [Enter]
```

で値を読み取ることができます。普段は0が返って来ますが、大きな音をマイクが拾ったとき、一時的に1になります（「**[A4-8] マイク入力**」参照）。コマンドを実行するタイミングでその瞬間をうまく読み取ることは難しいかも知れませんが、プログラムで読み取ることは可能です[※4]。

B1-4 アナログ入力のコマンド

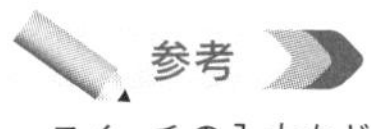

スイッチの入力などのデジタル入力は、1bitのA/D変換のアナログ入力ということもできます。

AポートのRA0とRA1は、アナログ入力に設定されています。

アナログ入力とは、入力に設定されたマイコンの端子にかかっている電圧を数値で表す、ということです。電圧の大きさを数値に変換するのが**A/D変換**です（「[A4-6] アナログ入力）参照）。本キットに使っているマイコンの場合、数値は10bitの値で表されます。電圧0Vのとき値は0、電源電圧である5Vのときに値が1023（16進数では0x3FF）になります。

RA0は、可変抵抗VR1の摺動子の電圧です。VR1は青いツマミの付いた部品です。ツマミを右に回すと電圧が大きく、左に回すと小さくなります。

ツマミの矢印の向きをいろいろに変えてみて、

RA0? Enter

と打つと、値がいろいろに変わることがわかります。

RA1はCdSセルの電圧です。CdSは、光が当たると抵抗値が小さくなりますので、明るいところでは電圧が小さく、暗くなると電圧が高くなります。

CdSセルを手で覆って明るさを変えながら、

RA1? Enter

と打つと、値がいろいろに変わることがわかります。

B1-5 サウンド関連のコマンド

サウンド出力を有効にするには、SONコマンドを実行します。

SON Enter

このとき、RB2とRB3が出力の設定に切り替わることに注意してください（SW3とSW4が使えなくなります）。

たとえば、
SRe Enter
で“レ”が鳴ります。

SONコマンドを実行した後では、SDo1、SRe、SMi、SFa、SSo、SRa、SSi、SDo2の各コマンドで、“ド・レ・ミ・ファ・ソ・ラ・シ・ド”の各音を鳴らすことができます（大文字・小文字に注意してください）。音はピアノライクな減衰音になります。

SOFFコマンドで、RB2とRB3が入力の設定に切り替わり、サウンド出力が無効になります。

B1-6 プログラミングに関するコマンド

このモニタプログラムには15種類のサンプルプログラムが内蔵されています。

サンプルプログラムの番号を“H”の後ろに付けて、例えば、

H1 Enter

と打つと、1つめの**サンプルプログラムについての説明が表示**されます。

また、

P1 Enter

と打つと、1つめのサンプルプログラムが、プログラムを格納する**メモリ領域にロードされて、そのプログラムリストが表示**されます。それまでにメモリにあったプログラムは、上書きされて消えてしまいますので注意してください。

注意

プログラムは適宜保存するようにしましょう(p.94 参照)。

右の例のように、上書きされてしまったり、電源を切るとマイコンのメモリから消えてしまいます。

“L”コマンドは、現在、プログラム格納領域に記憶されている**プログラムのリストを表示**します。

参考

Lコマンドで表示されるプログラムリストでは、プログラムを入力する際の画面表示と合わせるため、行番号の前に1文字分の空白が入ります。

“E”コマンドは、現在、プログラム格納領域に記憶されている**プログラムを消去**します。

1行だけを削除するには、削除したい行の行番号の後ろに“:”を付けてEnterします。

“G”コマンドは、現在、**プログラム格納領域に記憶されているプログラムを実行**します。

プログラムの実行が終了すると、コマンドプロンプト(“>”)の状態に戻りますが、プログラムによっては無限ループになってしまったり、バグがあったりする場合など、コマンドプロンプトに戻らなくなってしまうこともあり得ます。そういう場合は、一旦回路の電源を入れ直して、モニタプログラムを起動し直してください。

参考

プログラムの記述に間違いがある場合などには、“Syntax Error!”と表示されてコマンドプロンプトに戻りますが、モニタプログラムの文法チェック機能はあまり厳しくありません。**Syntax Error** とは文法エラーのことです。

回路の電源を入れ直すと、それまで入力してあったプログラムは消えてしましますので、「**[B2-1] 一番簡単なプログラム**」に記していますように、適宜プログラムを保存しておくか、プログラムはパソコン上でエディタを使って作成し、実行するときにターミナル画面に貼り付けるという方法を使うことをお勧めします。

B1-7 その他のコマンド

・引数
　関数の計算をするために関数に渡すデータのことを"引数"という。「ひきすう」という読みは、いわゆる湯桶読みだが、慣用的にこう読む。

コマンドではありませんが、**print()**、**send()**、**wait()**の各関数は、コマンドとして実行することもできます。

print()関数は、引数の数値または文字列をターミナル画面に表示します。

例えば、

```
print(RA0) [Enter]
```

は、RA0?コマンドと同じ機能になります。

数値は10進数と16進数の両方で表示されます。文字列の場合は、文字列中の空白が無視されます。また、文字列の場合は表示の後、改行されません。

send()関数は、引数の数値（8bit）をASCIIコードとして送信します。

wait()関数は、おおよそ（0.2ミリ秒）×（引数の値）だけの待ち時間を作ります。

COLUMN モニタプログラムの英語版

キットのファームウェアは英語版も公開されており、英語版では、pwm()関数も使えます。pwm()関数を使うと、Cポートの出力をPWM制御することができます。

PWM（Pulse Width Modulation）制御とは、一定周期でH/Lを繰り返すパルスを生成し、Hレベルの時間とLレベルの時間の割合を変化させることで、平均的な電圧レベルを変えることをいいます。

pwm()関数が生成するパルスは負論理のパルスで、Cポートの0を出力したbitのLレベルの時間の長さ（パルス幅）を変化させます。これを使うと、LEDの明るさを調節したり、RCサーボを動かしたりすることができます。

英語版ファームウェアのHEXファイルは、技術評論社のWebサイト（書籍案内）の本書のページ、または秋月電子通商のWebサイトの本キットのページからダウンロードすることができます。

B2 プログラミングの基礎

B2-1 一番簡単なプログラム

アドバイス

ここでは、「キット」をモニタプログラムで制御する方法を学習する前に、プログラミングの基礎をおさらいしておきます。

まず、簡単なプログラムを作ってみましょう。

プログラムとは、マイコンに実行して欲しい処理を記述したもの（これを**ステートメント**と呼びます）を順番に並べたものです。一般に、プログラムは何行かにわたる長さになるものなので、このモニタプログラムでは、各行に行番号を付けて整理します。行番号の範囲は1から99までです[※1]。

参考

※1：実際には100行を超えても入力可能ですが、Lコマンドで表示される行番号は2桁までです。

注意

※2：1行に入力できるのは、行番号も含めて80文字まででです。

プログラムの入力

プログラムを打ち込むには、行番号に“：”（コロン）を付けて、その後にステートメントを入力して Enter キーを押します[※2]。次のように順番に入力してみてください。

このとき、“：”の前後に空白（スペース）を入れないように注意してください。また、行番号が一桁の場合、最初の“0”は必要ではありませんが、入力の際に10行目以降と揃えるためには“0”を付けて入力しておくのがベターです（01、02としておくと、10行目以降の10、11と揃って見やすくなります）。

文字と文字の間の空白はなくても構いません[※3]。

参考

※3：ステートメントの記述の途中の空白は無視されますが、行の先頭の空白（インデント）には特別な意味があります。

```
>01:m = 1
>02:n = 2
>03:m = m + n
>04:print(m)
```

“:”の前後にスペースを入れないように。
“m=1”としてスペースを入れなくてもかまいません。

行番号は、**必ず1ずつ増やして行くように**してください。行の挿入・削除の際には、行番号は自動的に付け替わります。

キーを間違えて押してしまったときは、BackSpaceキーで消しながら戻ることができます。しかしながら、カーソルキーでカーソルを移動させたり、文字を挿入したりということはできません。

間違えて入力してしまったら、間違えた行を一旦消して、改めてその行を入力し直してください。1行だけ消すには、その行の行番号に“:”を付けてEnterします。

例えば、02: Enter とすると、02行目が消去され、03行目以降が1行ずつ繰り上がります。

アドバイス
・Eコマンド
プログラム全体を消去します。

“E”コマンドは**プログラム全体を消去**します。

途中に1行挿入するには、挿入したい位置の行番号を付けてそのまま入力してください。既に入力されている、同じ行番号の行は、行番号が1ずつ大きくなって繰り下がります。

プログラムの表示（Lコマンド）

アドバイス
・Lコマンド
入力したプログラムのリストを表示させます。

“L”コマンドで、**入力したプログラムのリストを表示**させることができます。

```
>L
 01:m = 1
 02:n = 2
 03:m = m + n
 04:print(m)
```

これは、足し算をするだけの単純なプログラムです。

このモニタプログラムでは、汎用の変数として“m”、“n”、“p”、“q”、“i”、“j”、“k”を使うことができます（“i”、“j”、“k”はfor文（「**[B2-2] 繰り返しのあるプログラム（for文）**」参照）の繰り返し数のカウンタとしても使えます）。

01行目で、“m”に1という値を代入し、02行目で“n”に2を代入し、03行目でm+nを計算してその結果を改めてmに代入しています。04行目でmの値をターミナル画面に表示しています。

print()関数は、()の中の数値（これを関数の**引数**（ひきすう）と呼びます）をターミナル画面に表示します。

このモニタプログラムでは、変数は全て符号なし16bit（unsigned int型）で扱われますので、扱える数値の範囲は0～65535です。

プログラムの実行（Gコマンド）

“G”コマンドで**プログラムを実行**してみると、次のように表示されます。

アドバイス

・G コマンド
プログラムを実行します。

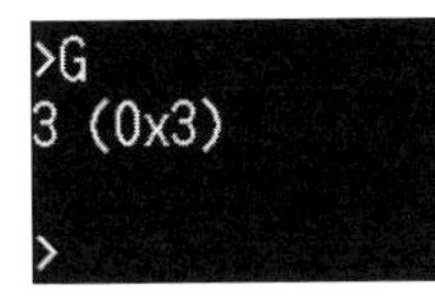

1+2の結果3が表示されています。その後の(0x3)というのは、16進数で表したものです。

アドバイス

"0x" を頭に付けて、その数値が 16 進数であることを表します。

"0x" を頭に付けて、その数値が16進数であることを表します。3は10進数でも16進数でも表記は同じなので、この場合はあまり意味がないかも知れません。

03行目の

```
m = m + n
```

は、

```
m += n
```

と書いても同じです。計算結果を元の変数に代入する場合、このような記述が可能です[※1]。

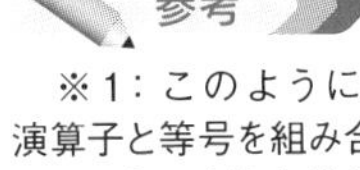

参考

※1：このように、演算子と等号を組み合わせたものを複合演算子といいます。

print()関数は、引数の部分に計算式を書くこともできます。

ただし、計算式に含まれる演算子は1つのみにしてください[※2]。

注意

※2：演算子を２つ以上含む計算式や( )のある計算式は使えません。

また、一行に複数のステートメントを ";"（セミコロン）で区切って記述することもできます。

ただし、一行の文字数は80字以下にしてください。

さっきのプログラムを次のように1行にまとめて書くこともできます。

一旦、"E" コマンドで既に入力されているプログラムを消去して、次のようにプログラムを入力してみましょう。

注意

※3：";" は、ステートメントとステートメントの間の区切りで、C言語の場合のようにステートメントの終わりを表す記号ではないので、１行の最後に ";" は必要ありません。むしろ、行の最後が ";" で終わっていると、さらに後ろにステートメントがもう一つあるはず、と解釈されてエラーになります。

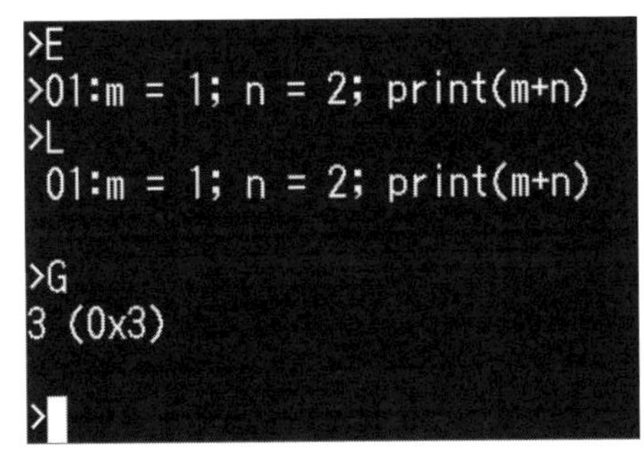

同じ実行結果が得られていることがわかります。

ステートメントを ";"（セミコロン）で区切って1行に複数のステートメントを記述すること[※3]はできますが、後述のfor文、if文、while文は行の先頭になければなりませんし、同じ行に別のステートメントを記述することはできません。

アドバイス

「Let's プログラミング」チャレンジしてください。

なお、「付録1」に「Let's プログラミングのプログラム例」を掲載してあります。(→p.134)

Let's プログラミング [B2-1]

❶ m、nの値をいろいろ変えて実行してみましょう。

❷ 足し算を他のいろいろな演算に替えて実行してみましょう。

プログラムの保存方法

作ったプログラムは、電源を切るとマイコンのメモリからは消えてしまいますが、保存しておきたい場合は、“L”コマンドでプログラムリストを表示させ、ターミナル画面上の文字をドラッグして選択してクリップボードにコピー（Ctrl＋C）し、メモ帳やWordなどに貼り付けると、テキストとして保存することができます。あるいは、ターミナルソフトは一般に、ターミナル画面のやり取りを、ログとしてテキスト形式で保存する機能を持っていますので、ログのテキストから必要な部分を抽出するという方法もあります。

アドバイス

Ctrl＋Cで、Windowsのクリップボードにコピーします。

参考

エディタでプログラムを作成する場合は、行番号を自分で付ける必要がありますが、行を挿入したり削除する度に行番号を付け替えるのは煩わしいものです。こういう場合、ブロック選択(矩形選択)ができるエディタを使えば、予め行番号だけ順に並べたテキストを用意しておけば、プログラム自体は行番号を付けずに作成・編集を行い、実行する際に、行番号だけを必要な行数分ブロック選択してからプログラムの各行の先頭にブロックで挿入して、行番号の付いたプログラムの形にしてから全体を選択・コピーし、それをTeraTerm画面に貼り付ける、という方法をとることができます。この方法なら、行番号をいちいち付け替える煩わしさから解放されます。

また、TeraTermを使っている場合は、テキストとして保存しておいたプログラムを、もう一度マイコンのメモリにロードすることもできます。そのためには、保存しておいたプログラムのテキストを、行番号も含めて選択して**クリップボードにコピー**（Ctrl＋C）しておき、TeraTermの画面で、**コマンドプロンプトの状態でマウスを右クリックする**、または、**Alt＋Vで貼り付ける**と、保存しておいたプログラムが自動的に入力されます。ただし、この際次のことに注意してください。

① プログラムを貼り付ける前に、Eコマンドでメモリ上のプログラムを消去しておく。

② 保存しておいたプログラムの行番号の前のスペースを削除しておく。

③ シリアルポートの設定画面で、送信遅延を図B2.1のように、
　10ミリ秒/字　100ミリ秒/行
程度に設定しておく。

プログラムを作成したり編集する際は、メモ帳などのエディタ上で編集作業を行い、実行する際に、そのテキストを選択してTeraTermに貼り付けるという方法が都合がよいかもしれません。ただしその場合は、行の挿入・削除を行ったときには、行番号は自分で付け替える必要があります。

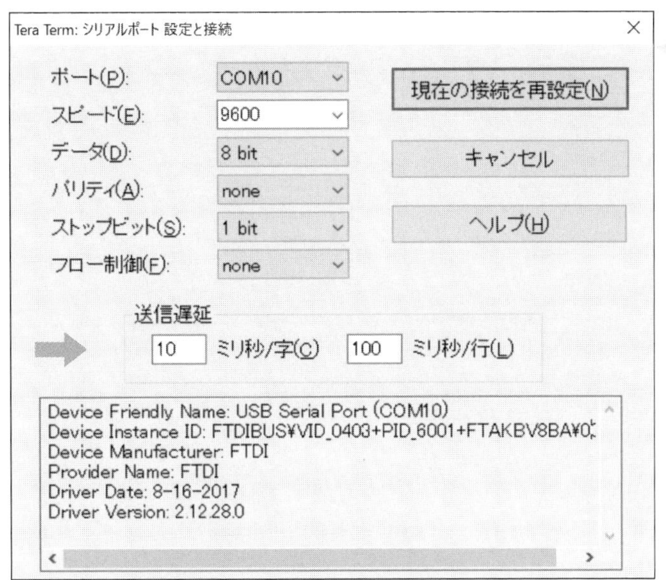

TeraTermのツールバーにある「設定」をクリックすると出てくるプルダウンメニューにある「シリアルポート」で設定してください。

▲図 **B2.1**　送信遅延の設定（TeraTerm の場合）

> 「シリアルポート」の設定を終えた後、プルダウンメニューにある「設定の保存」を選択して保存してください。問題がなければ上書きして保存してください。

また、TABコード（0x09）は、プログラム入力（貼り付け）時には空白4文字に変換されますが、一方、一般にエディタの画面では、TABは画面内の決まったカラムにカーソルが移動する動作になることがありますので、インデント（「**[B2-2] 繰り返しのあるプログラム（for文）**」参照）を揃えるのにTABキーを使っている場合、エディタ画面上の見た目と、TeraTermに貼り付けられたプログラムのリストとにはズレが生じることがあり得ます。そういう意味で、エディタでプログラムを作成する場合は、できるだけTABキーを使わずに、スペースキーを使ってインデントを揃えるようにした方が無難です。

プログラムをターミナル画面に貼り付けた後は、必ず“L”コマンドでプログラムリストを確認しましょう。

B2-2 繰り返しのあるプログラム（for 文）

・**for 文**
繰り返す回数が決まっているときは for 文を使うのが便利です。

同じ処理を飽きずに繰り返してくれるのがコンピュータのよいところです。

繰り返す回数が決まっているときは**for文**を使うのが便利です。繰り返す回数を決めて処理を繰り返す場合、今何回目かを数えておく必要があります。この用途に、このモニタプログラムでは“i”、“j”、“k”の3種類の変数を使うことができます。

例えば、10回繰り返す場合、

```
for i in range(10)
```

と書きます。このとき、iが0から始まって9まで1ずつ増えながら10回繰り返します。

繰り返し回数の指標値は、常に0から始まります※1。

繰り返すべき処理は、行の頭に空白を入れて表します。

※1：0 から始まるのでなしに、途中の値から、例えば 11 から 20 まで 10 回繰り返したい場合は、
for i in range(10)
　j = i + 11
　…
として、j を使って計算すればよいでしょう。

例えば、

```
01:for i in range(10)
02:    print(i)
```

というプログラムを実行すると、

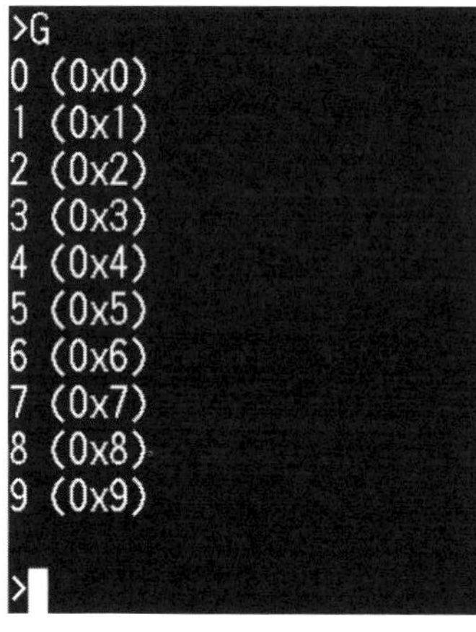

となり、iが0から9まで順に増えていきながらprint(i)が実行されたことがわかります。

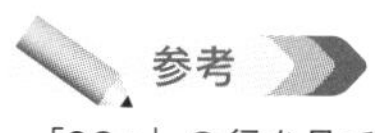

「02：」の行を見てください。「02：」の後に空白が 4 文字入り、続いて print(i) となっています。

行の頭に空白を入れて字下げすることを**インデント**といいます。先ほどの例では、“02:”の後に入力するprint(i)の行のインデントは空白4文字になっています。前の例では繰り返す処理が1行だけですが、複数の行にわたる場合は、このインデントの量を揃えておくことが必要です。

例えば、次の例では、

```
01:m = 0
02:for i (10)
03:    m++
04:    print(m)
```

参考

ネスト（nest）とは、「巣」という意味です。ネストの中にさらにネストがある、いわゆる入れ子の構造にすることもできます。

03行目と04行目のインデント量はどちらも空白4文字です。

このように、インデント量を揃えて指定した範囲を**ネスト**と呼びます。

モニタ画面上でプログラムを入力する場合は、インデント量を揃えるにはTABキーを使うと便利です。モニタプログラムでは、TABは空白4文字に変換されます。

また、このモニタプログラムでは、for文の記述の“in range”の部分は省略することができます（Pythonでは省略できません）。

03行目の、

m++

は、mの値を1増やすということです。これを**インクリメント**といいます。

前の例のプログラムを実行すると、

```
>G
1 (0x1)
2 (0x2)
3 (0x3)
4 (0x4)
5 (0x5)
6 (0x6)
7 (0x7)
8 (0x8)
9 (0x9)
10 (0xa)

>
```

となります。最初m=0で、インクリメントが10回繰り返されるので、mの値は1から10までになります。10は16進数では0x0Aです。

ちなみに、03行目を、

m--

に変更してみましょう。

m--はmの値を1減らす、ということで**ディクリメント**といいます。

最初m=0で、そこから1減らすと、当然値はマイナスということになります。

ところが、実際に実行してみると、

```
>L
 01:m = 0
 02:for i (10)
 03:    m--
 04:    print(m)

>G
65535 (0xffff)
65534 (0xfffe)
65533 (0xfffd)
65532 (0xfffc)
65531 (0xfffb)
65530 (0xfffa)
65529 (0xfff9)
65528 (0xfff8)
65527 (0xfff7)
65526 (0xfff6)

>
```

となりますね。

このモニタプログラムでは、変数の値はunsigned int型の16bitの2進数でメモリに格納され、全て符号なしでプラスの値と解釈します。

65535（16進数で0xFFFF）は、16bitの2進数で一番大きな値で、2進数では1が16個ならんだ、

　　1111111111111111

です。これに1を足すと、桁上がりが続いて、17桁目が1になり、

　　10000000000000000

となりますが、17桁目は枠がないので、16bitの範囲では全部0、つまり値が0になります。1を足した結果0になるわけですから、元の値は－1だった、ということができます。つまり、**65535**は16bitの範囲では－1だということもできるわけです。

このように、足した結果0になる関係の数を**2の補数**（ほすう）※1といいます。**65535**は、1に対しての「2の補数」というわけです。このように2の補数を使ってマイナスの数を表すことがあります※2。

for文では、繰り返す回数が0のときということは、通常のプログラムではないはずですし、その場合はそもそも**for**文が必要ありません。しかしながら、繰り返し回数を変数で指定している場合、その値が0になってしまうことはあり得ます。このモニタプログラムの場合、繰り返し回数を0と指定しても、ネスト内の処理を1回だけ実行してしまいますので、その点にはご注意ください。

参考

※1：“補数”とは、桁上がりが起きるために補うべき数という意味です。

ちなみに、全桁が1になるために補うべき数を1の補数といいます。1の補数は、元の数を2進数で表して0／1を反転した数です。2の補数はそれに1を加えた値です。

参考

※2：unsigned int型でなしに普通のint型の場合はこのような扱いになります。普通のint型（16bitの場合）で扱える範囲は－32768～32767になります（16進数表記では0x8000～0x7FFF）。

参考

一般に、マイコンの場合は、変数の型としてint型は16bitで扱われるのが普通ですが、何bitで扱われるかはコンピュータによって異なりますので、実際にはコンパイラの仕様を確認する必要があります。

ちなみに、char型は8bit整数です。“char”は“character”で、8bitのデータでASCIIコード、要するに文字を表すことができることによります。「チャー」ではありません。

int型の“int”は“integer”(整数)という意味です。

参照

「付録1：Let'sプログラミングのプログラム例」参照。
(→p.135)

Let's プログラミング [B2-2]

❶ 0、10、20、30、…と値を10ずつ100まで表示するプログラムを作ってみましょう。

B2-3 条件判断と分岐（if文）

状況に応じて、アクションを起こしたり、行動を変えたりすることは何事につけても必要なことです。コンピュータにもこのしくみがあって、条件を満たしているかどうかに応じて処理を変えることができるのが**if文**です。

アドバイス

・if文
条件を満たしているかどうかに応じて処理を変えることができます。

条件は、数値と数値の間の関係で表現します。2つの数値の間の関係の表現には次のような種類があります。

A == B	AとBが等しい
A != B	AとBが等しくない
A > B	AがBより大きい
A < B	AがBより小さい
A >= B	AがB以上
A <= B	AがB以下

(注：このモニタプログラムでは変数A、Bは使えません)

アドバイス

条件式の後に必ず“:”を付ける必要があります。

if文では、これらの条件式の後に必ず“**:**”(コロン)が必要です。また、条件が満たされた場合に実行する処理の範囲は、**if**文に続くネストで表します。

例えば、次のようなプログラムを入力してみましょう。

```
01:for i (10)
02:    if i == 5:
03:        print("**********")
04:        print()
05:    print(i)
```

“i == 5”という条件が満たされたときだけ、

print(“**********”)

print()

が実行されます。行頭のインデントの量から、05行目のprint(i)はif文のネストの外であることがわかります※1。

> 参考
> ※1：02 行目と 05 行目は同じインデント量なので、05 行目までが 01 行目の for 文のネストです。

つまり、iが0から9まで1ずつ増えながら、iの値の表示を繰り返す際、5になったときだけ、“**********”が表示されてから、iの値が表示されることになります。

このモニタプログラムではprint()関数の引数が文字列の場合は、表示の後に改行が入りませんので、04行目のprint()で改行しています。また、文字列の中の空白は無視されます。

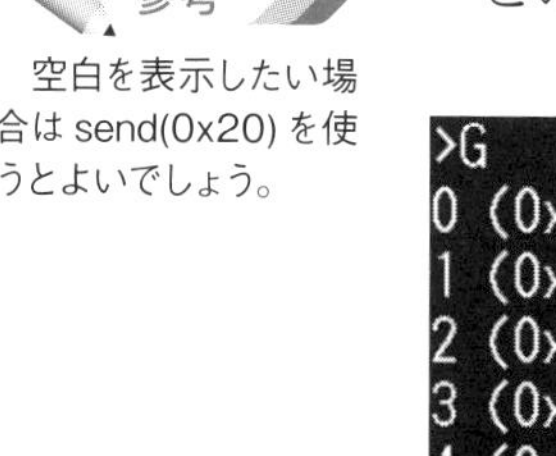

> 参考
> 空白を表示したい場合は send(0x20) を使うとよいでしょう。

このプログラムを実行すると、次のようになります。

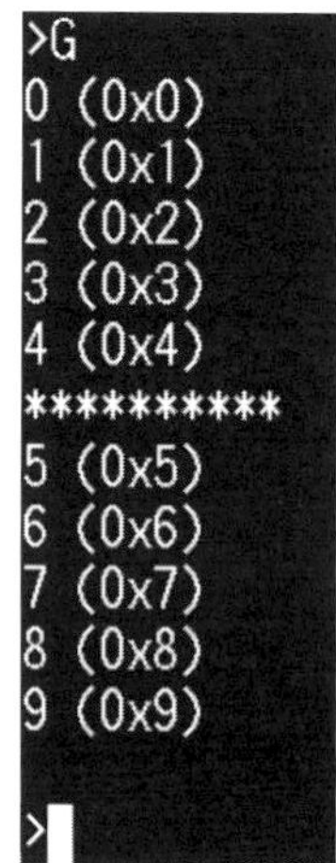

```
>G
0 (0x0)
1 (0x1)
2 (0x2)
3 (0x3)
4 (0x4)
**********
5 (0x5)
6 (0x6)
7 (0x7)
8 (0x8)
9 (0x9)

>
```

else 文

> アドバイス
> **・else 文**
> 別の処理をして欲しいという場合に else 文を使います。
> else の後にも“:”を付けてください。

if文で条件が満たされないときに、ネスト内の処理をスキップするだけでなしに別の処理をして欲しいという場合があります。そういう場合は、else文を追加します。

elseの後にも“:”を付けてください。

例えば、

```
for i (10)
    if i == 5:
        print("**********")
        print()
    else:
        print(i)
```

としますと、iが5以外のときにはその値が表示され、5のときには"**********"が表示されますがiの値は表示されませんので、実行すると、

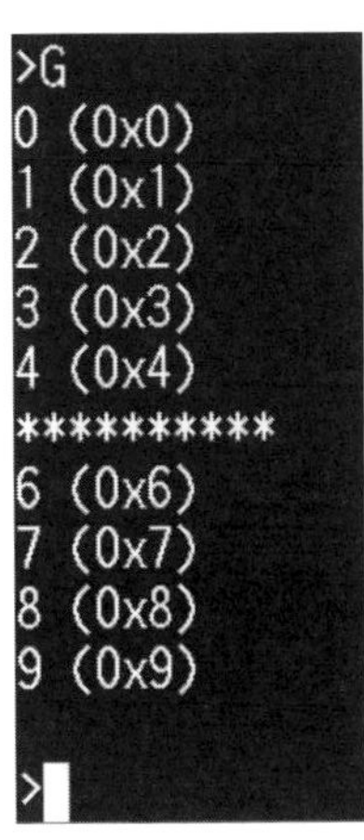

となります。

「付録1：Let'sプログラミングのプログラム例」参照。
(→ p.135)

Let's プログラミング [B2-3]

❶ iを0から9まで10回繰り返し、5以上のときには数字に"＊"を付けて表示するプログラムを作ってみましょう。

❷ iを0から9まで10回繰り返し、奇数には数字に"＊"を付けて表示するプログラムを作ってみましょう。

B2-4 繰り返しのある条件判断（while 文）

アドバイス

・while 文
マイコンのプログラムでは、「〜するまで待つ」という処理が必要になることがよくあります。そういう場合にwhile 文を使います。

同じ処理を繰り返して欲しいけれども、繰り返し回数が特に決まっていないという場合があります。そういう場合は**while文**を使います。この場合、繰り返しを続けるべきか、あるいは、繰り返しを終えるかの条件判断が必ず必要です。

if文は、条件が満たされた場合にネスト内の処理を1回実行して次に進みますが、while文では条件が満たされてネスト内の処理を実行した後、

もう一度条件が満たされているかどうかをチェックして、条件が満たされている限り、ネスト内の処理を繰り返します。

次のようにプログラムを入力してみましょう。

```
01:m = 1
02:while m==1:
03:    n = KB
04:    if n >= 0x20:
05:        send(n)
06:    if n == 0x0D:
07:        m = 0
08:print(); print("END")
```

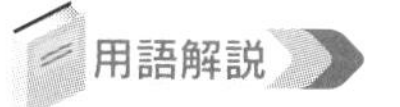

・ネスト
　インデント量を揃えて指定した範囲。

この例では、03行目～07行目が**while**文のネストです。

05行目は04行目の**if**文のネスト、07行目は06行目の**if**文のネストです。このように、ネストの中にさらにネストがある、いわゆる入れ子の構造が可能です。ネストの範囲がどこからどこまでかは、行頭の空白（インデント）の量をネスト内で揃えることで表します。

03行目にある"KB"は特殊変数で、ターミナル画面でキーを押したときに、押したキーの文字のASCII（アスキー）コードが入ります。ASCIIコードについては表B2.1を参照してください。

TeraTermなどのターミナルソフトは、押されたキーの文字コードを送信し、受信した文字コードに対応する文字を画面に表示します。ASCIIコードは、文字コードの最もベーシックなものです。

キーボードのキーが押されて、ターミナルソフトから送信されたASCIIコードを受信すると、それが変数KB（Key Bufferの意）に入ります。03行目でこれをnに代入しています。通常の変数の場合、別の変数に値を代入するのは「コピー」ですから、それによって元の変数の値が変わることはありません。ところが、変数KBの場合、その値をnに代入して読み取ることで、中身が消えて（値が0になる）しまいます。これは、同じキーを続けて押したときに、何回押されたかを数えることができるようにするためです。

したがって、KBの値が0のときは、まだキーが押されていない、ということを表しています。

04行目と05行目で、キーが押されたときにsend(n)を実行しています。send()関数は、引数をASCIIコードとして送信する関数です。この場合、nは受信したASCIIコードですから、受信したASCIIコードをそのまま送り返している（これをエコーバックという）わけです。ですので、ターミナルソフトの画面上では、押したキーの文字がそのまま表示されることになります。

ちなみに、05行目をsend(n++)に変えてみると、Aを押すとB、Bを押すとCが表示されることになります。04行目で、送り返すASCIIコードを0x20以上の値に制限しているのは、0x00～0x1Fの値は、制御コードといって特殊な機能を持つものだからです。

06行目と07行目で、受信したASCIIコードが0x0Dだったときにmを0にしています。mを0にするということは、while文の繰り返しを終了する、ということを意味します。ASCIIコードの0x0DはCR（Carriage Return）で、Enterキーを押したときに送信される制御コードです。CRは日本語では行頭復帰といい、カーソルを行の先頭に戻す操作を表します。CRと並んで重要な制御コードは0x0Aの"LF"（Line Feed:行送り）です。

while文の繰り返しを終了した後、08行目で、改行してから"END"と表示させています。

参考

CR（キャリッジ・リターン）という言葉は、昔のタイプライターの動きに由来します。タイプライターでは、紙を巻きつけるドラムをキャリッジと呼び、キーを叩いて文字を打つたびに、キャリッジが1文字分左に移動します。一行入力した後、次の行を打つためには、キャリッジを手で元の位置に戻す必要があります。この動作がキャリッジ・リターン（行頭復帰）です。

キャリッジを回転させて、一行分紙送りするのがLF（ライン・フィード）です。

▼表B2.1 ASCIIコード
(0x00～0x1Fは制御コード、0x20はスペース、0x7Fはdelete)

0x20		0x30	0	0x40	@	0x50	P	0x60	`	0x70	p
0x21	!	0x31	1	0x41	A	0x51	Q	0x61	a	0x71	q
0x22	"	0x32	2	0x42	B	0x52	R	0x62	b	0x72	r
0x23	#	0x33	3	0x43	C	0x53	S	0x63	c	0x73	s
0x24	$	0x34	4	0x44	D	0x54	T	0x64	d	0x74	t
0x25	%	0x35	5	0x45	E	0x55	U	0x65	e	0x75	u
0x26	&	0x36	6	0x46	F	0x56	V	0x66	f	0x76	v
0x27	'	0x37	7	0x47	G	0x57	W	0x67	g	0x77	w
0x28	(	0x38	8	0x48	H	0x58	X	0x68	h	0x78	x
0x29	)	0x39	9	0x49	I	0x59	Y	0x69	i	0x79	y
0x2A	*	0x3A	:	0x4A	J	0x5A	Z	0x6A	j	0x7A	z
0x2B	+	0x3B	;	0x4B	K	0x5B	[	0x6B	k	0x7B	{
0x2C	,	0x3C	<	0x4C	L	0x5C	\	0x6C	l	0x7C	|
0x2D	-	0x3D	=	0x4D	M	0x5D	]	0x6D	m	0x7D	}
0x2E	.	0x3E	>	0x4E	N	0x5E	^	0x6E	n	0x7E	~
0x2F	/	0x3F	?	0x4F	O	0x5F	_	0x6F	o	0x7F	DEL

参照

「付録1:Let'sプログラミングのプログラム例」参照。
(→p.136)

Let'sプログラミング［B2-4］

❶ for i in range(10)と同じことをwhile文を使って実現してみましょう。

❷ 押したキーの文字を表示するプログラムで、文字数が20を超えたら終了するプログラムを作ってみましょう。

❸ メッセージ（文字列）を5種類用意して、1～5のキーで指定した番号のメッセージを表示するプログラムを作ってみましょう。Enterキーで実行が終了するようにしましょう。

B2-5 配列

似たようなプログラムですが、今度は次のように入力してみましょう。

```
m = 10; i = 0
while m > 0:
    n = KB
    if n >= 0x20:
        a[i] = n
        i++
        m--
for i (10)
    send(a[i])
```

最初、mは10ですので、m>0の条件が満たされており、while文のネストが繰り返されることになります。

キーが押されると、その文字のASCIIコードがa[i]に格納されます。

配列は英語で"array"（アレイ）です。

このa[]は**配列**と呼ばれます。配列とは、同じ種類の複数のデータを番号を付けて並べて記憶できるようにしたものです。このモニタプログラムでは、データの個数は16個までで、a[0]、a[1]、a[2]、…、a[14]、a[15]を使うことができます。

最初iは0ですので、最初に押されたキーのASCIIコードがa[0]に入ります。同時にi++でインクリメントしていますので、次に押されたキーのASCIIコードはa[1]に、と順々に入ることになります。

プログラムを実行後、キーを10回押すまで何も画面に文字が出ませんが、10回目に、今まで押したキーが表示されます。

また、m--でmの値を1ずつ減らしているので、キーを10回押した時点でmが0になり、while文の繰り返しを終了することになります。

その後で、配列a[]に入ったASCIIコードをfor文で順番に送信しています。

したがって、キーを10回押すまでは画面に何も出ませんけれども、10回目に押した時点で、それまでに押したキーの文字が10個ズラズラと表示されることになります。

なお、a[]の[]内は、数値または変数1つのみで、計算式は使えません。

a[]に、最初から値をセットしておくには、

```
a[]={数値1, 数値2, …}
```

と記述します。もちろん、数値の個数は16個までです。

16進数は頭に0xを付けなければならないので、10進数で表した方が文字数が少なくて済む場合もあります。

{ }の中に並べた順に、a[0]から順番に値がセットされます。ただし、1行の文字数は80文字までですので、初期値16個を全部セットする場合、16進数2桁の表記は使えません。

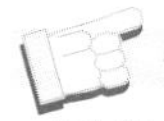
参照
「付録1：Let'sプログラミングのプログラム例」参照。
(→ p.138)

Let'sプログラミング［B2-5］

❶ 1のキーを押したら"A"を3つ、2のキーを押したら"B"を5つ、3のキーを押したら"C"を7つ表示するプログラムを作ってみましょう。

❷ a[]に10個の数値をセットし、これを小さい順に並べ替えるプログラムを作ってみましょう。

B2-6 2進数のbit操作

マイコンのプログラムでは、数値に対する演算を、2進数で表すことを意識して行う必要がある場合がよくあります。演算には**算術演算**と**論理演算**があります。コンピュータの中枢(ちゅうすう)部分をCPU（Central Processing Unit）といいますが、その中にALU（Arithmetic and Logic Unit）という、算術演算と論理演算を行う機能を持つ部分があります。算術演算とは、足し算・引き算・掛け算・割り算のことですが、一般にALU内にあるのは加算器で、実際に行われる処理は足し算です。他の計算も、足し算の形に変えて実行されます[注]。

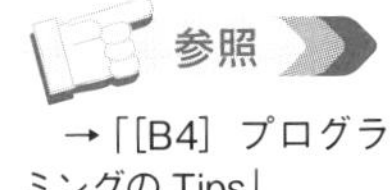
→「[B4] プログラミングのTips」

論理演算とは、ANDやORのことです。ANDは論理積、ORは論理和とも呼ばれます。このANDやORは、数値を2進数で表してbitごと（桁ごと）のANDやORになります。

ANDを表す演算子は&、ORを表す演算子は|、XOR（排他的論理和(はいたてきろんりわ)）は^で表します。ANDは両方とも1なら1、ORはどっちかでも1なら1、XORは片方だけ1のときだけ1、という計算を桁ごとに行います。

例えば、A = 0x6D、B = 0xCBとすれば、それぞれの演算の結果は次のようになります。

▼表B2.2

A	01101101	0x6D
B	11001011	0xCB
A & B	01001001	0x49
A | B	11101111	0xEF
A ^ B	10100110	0xA6

実際にプログラムで確かめてみましょう。

```
m = 0x6D
n = 0xCB
print("m&n="); print(m & n)
print("m|n="); print(m | n)
print("m^n="); print(m ^ n)
```

〔注〕

一般的には、CPUのALUには加算器しかなく、掛け算はシフトと足し算の繰り返しで実現されるのですが、ものによっては掛け算をハードウェア的に実現して高速に行うことができる"乗算器"を持っているものもあります。このようなCPUはDSP（Digital Signal Processor）と呼ばれます。PICマイコンの種類にdsPICと呼ばれるものがありますが、これらは乗算器を持っています。

1とANDをとった結果は、相手が0か1かで決まります。0とANDをとると、相手が何であっても0になります。マイコンのプログラムでは、2進数で表したデータのあるbitが0か1かを知りたい、ということがよくあります。そういう場合、知りたいところだけが1の値とそのデータのANDをとると、注目するbitが1ならそれが残るし、0ならデータの値そのものがゼロになります。

例えば、mの値のLSB（一番下の桁）が0か1か（要するに、偶数か奇数かということ）を知りたいとします。

```
m & 0x01
```

の結果が1なら、他の桁がどうかに関わらずmのLSBは1だったということですし、0なら、LSBは0だったということになります。

このように、注目するbitを1に、他のbitを0にした値とANDをとることで、注目するbitの情報だけを抽出する操作を**マスクをかける**といいます。注目するところ以外を強制的に0にして黙らせる、というニュアンスの言葉です。

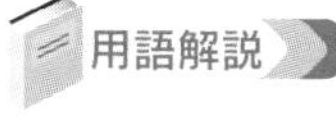

・**マスクをかける**
注目するbitの情報だけを抽出する操作。

0x01とANDをとると、結果は0x00か0x01のどちらか、つまり0か1かでよいのですが、例えば8bitでMSB（一番上の桁）が0か1かを知るために、0x80とANDをとった際には、結果は0か1かではなく、0か0x80かになることに注意が必要です。

ちなみに、MSBが0か1かということは、符号付きの変数の場合は、その値が正か負か、ということを表しています。ただし、このモニタプログラムでは、変数は全て符号なしで扱われます。

bit操作で重要なシフト演算

もう一つ、2進数のbit操作で重要なのは**シフト演算**です。シフトとは桁をずらす、ということです。一つ上の桁にずらすのを**左シフト**、下の桁にずらすのを**右シフト**、といいます。野球でもバッターの癖を読んで守備位置をずらすことをxxシフトといったりします。

10進数の場合は、一桁左にずらすと値は10倍に、右にずらすと1／10になります。同様に、2進数の場合は、左に1bitシフトで値は2倍に、右に1bitシフトで値は半分に、ということになります。シフトを表す演算子は、“<<”が左シフト、“>>”が右シフトです。

例えば、

```
m << 4
```

は、mを4bit左にシフトした値、という意味です。

次のプログラムで、シフトによって値がどうなるか確かめてみましょう。

```
m = 1                   一番右のbit（LSB）のみ1のデータmを用意して、
for i (16)              以下を16回繰り返します。
    print(m)                mの値を表示して、
    m <<= 1                 mを1bit左にシフトします。
```

m <<= 1 は m = m << 1 という意味です。<<= が矢印のように見えますが、誤解しないようにしてください。

左シフトの場合には、右側の空いたところには0が入りますが、右シフトの場合は、一般には左の空いたところには0が入る場合と1が入る場合があります。というのは、符号有りで扱う変数の場合、MSBは符号を表しているので、MSBが1だったなら空いたところには1が、0だったなら0が入ることになります。これは、シフトしたことで値を1／2にするだけで、符号が変わってしまわないようにするためです。

本モニタプログラムの場合は、変数は全て符号なしですので、右シフトで空いたところには0が入ります。

「付録1：Let's プログラミングのプログラム例」参照。（→ p.140）

Let's プログラミング ［B2-6］

❶ 数字のキーを押したらその値を表示するようにしてみましょう。

❷ 数字のキーを押して、その値がnだとしたら、2^nの値を表示するようにしてみましょう。

B3 ハードウェアをプログラムで制御

B3-1 マイコンのピンアサイン

ここでは、製作したキットの回路をモニタプログラムで制御する方法を解説します。

プログラミングの基礎があやふやな方は、「[B2] プログラミングの基礎」を再読してください。

参考

RA3 ～ RA5 の働きについては表 B1.1 (p.85) をご覧ください。

キットの回路でのマイコンの端子の割り当てをまとめると次のようになります。

Aポート

RA0（**アナログ入力**）：VR1の電圧（青いツマミを右に回すと電圧が高くなる）
RA1（**アナログ入力**）：CdSの電圧（暗くなると電圧が高くなる）
RA2（**入力**）：マイクの電圧（普段は0、大きな音が入ると瞬間的に1になる）
RA3（**出力**）：LEDグループの選択信号 bit0
RA4（**出力**）：LEDグループの選択信号 bit1
RA5（**出力**）：LEDグループの選択信号 bit2
RA6（**クロックの発振に使用**）
RA7（**クロックの発振に使用**）

Bポート

RB0（**入力**）：SW1（スイッチを押すと0）
RB1（**入力**）：SW2（スイッチを押すと0）
RB2（**入力**）：SW3（スイッチを押すと0）
（サウンド出力有効時は出力）0でTR3のコレクタ電圧充電）
RB3（**入力**）：SW4（スイッチを押すと0）
（サウンド出力有効時は出力）0でTR3のコレクタ電圧放電）
RB4（**出力**）：サウンド出力　（変数SPで決まる周波数の方形波信号）
RB5（**入力**）：タッチポイントTP1の電圧（TP1を手で触るとときどき0になる）
RB6（**出力**）：パソコンとの通信に使用（TxD）

RB7（入力）：パソコンとの通信に使用（RxD）

参考

RC0-7は0のときに対応するLEDが点灯します。

Cポート

RC0（出力）：7セグメントLEDのa、サイコロLEDの右上、フルカラーLEDの赤、
8つ並んだLEDの右端、RCサーボコネクタの信号

RC1（出力）：7セグメントLEDのb、サイコロLEDの右中、フルカラーLEDの緑、
8つ並んだLEDの右から2つめ

RC2（出力）：7セグメントLEDのc、サイコロLEDの右下、フルカラーLEDの青、
8つ並んだLEDの右から3つめ

RC3（出力）：7セグメントLEDのd、サイコロLEDの左下、
8つ並んだLEDの右から4つめ

RC4（出力）：7セグメントLEDのe、サイコロLEDの左中、
8つ並んだLEDの右から5つめ

RC5（出力）：7セグメントLEDのf、サイコロLEDの左上、
8つ並んだLEDの右から6つめ

RC6（出力）：7セグメントLEDのg、サイコロLEDの中央、
8つ並んだLEDの右から7つめ

RC7（出力）：左から2つめの7セグメントLEDを選択時“：”、
8つ並んだLEDの左端

B3-2 LEDをON／OFF

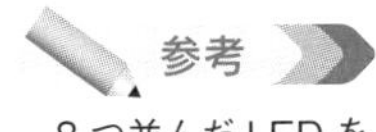

8つ並んだLEDを、モニタプログラムでチカチカさせてみよう。

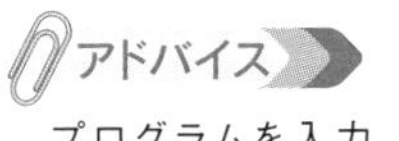

プログラムを入力後、“G”コマンドで実行してください。

LED（発光ダイオード）は電流が流れると光ります。8つ並んだLED（D4～D11）をチカチカさせてみましょう。

8つ並んだLEDを点灯させるには、RAに0x30を出力しておきます。

このとき、Cポートの0が出力されているbitに対応するLEDが点灯します。

次のようにプログラムを入力してみましょう。

```
RA = 0x30            8つ並んだLEDを選択して、
for i (10)           以下を10回繰り返します。
    RC = 0           LEDを全点灯して、
    wait(2500)       約0.5秒待ちます。
```

```
05:     RC = 255          LED を全消灯して、
06:     wait(2500)        約 0.5 秒待ちます。
```

プログラムを実行すると、8つ並んだLED（D4～D11）の全部が10回点滅します。

03行目でRCの8bitを全部0にしているので、LEDが8つとも点灯します。

04行目のwait()関数の引数で、点灯している時間の長さが決まります。wait(2500)だと約0.5秒になります。wait()関数は、おおよそ（0.2ミリ秒）×（引数の値）だけの時間の待ち時間を作ります※1。引数の最大値は4998です※2。

05行目で、255は16進数で0xFF、つまり8bit全部が1ですから、LEDが全部消灯になります。

ポートの名前RA、RB、RCや、各ポートのbitの名前、例えばRA0、RB1などは、それぞれ変数と同様の扱いでプログラムに使用することができます※3。ただし、入力のポートは読み出し専用、出力のポートは書き込み専用です。ですので、出力のポート名は数式の左辺にしか使えません。

数値や待ち時間をいろいろ変えてみて、点滅の仕方を観察してみましょう。

 注意

※1：プログラムを実行する際は、インタプリタとして一行ずつ解釈されながら実行されるので、実際には、wait() 関数を読み取って解釈するのに要する時間もかかりますから、その分少し長くなります。

 教えて

※2：もっと長い待ち時間が必要なときはどうすればよいですか？

〔回答〕

for 文で wait() 関数を繰り返すとよいでしょう。

 注意

※3：ただし、出力のポートは代入文の左辺にしか使えません。つまり、書き込みはできますが読み出しはできません。

プログラムを書き換えてみよう

プログラムを次のように書き換えてみましょう。

 アドバイス

入力したプログラムは、メモ帳などにコピーして保存してください。

アドバイス

先ほど作成したプログラムを右のように書き換えてみましょう。

アドバイス

“G” コマンドで実行する前に、必ず “L” コマンドでプログラムリストを確認しましょう。

```
01:RA = 0x30; m = 0
02:for i (10)
03:     RC = m
04:     m ^= 0xFF
05:     wait(2500)
```

［コメント］

01：8 つ並んだ LED を選択して、m を全点灯のデータにします。

02：以下を 10 回繰り返します。

03：　m の値によって LED を点灯／消灯します。

04：　m の 8bit 全部 0 ／ 1 を入れ替えて、

05：　約 0.5 秒待ちます。

04行目の“^”は、XOR（排他的論理和）の演算子です。mの値と0xFFとのXORをとった結果を改めてmに代入しています。論理演算は8bitの桁ごとに行われます。0xFFは8bit全部が1で、1とのXORは0と1が入れ替わりますから、mが0（0x00）なら0xFFとのXORの結果0xFFに、mが

0xFFのときは0xFFとXORをとると0x00になります。

これを繰り返す結果、LEDが点滅します。このプログラムの場合、点滅回数は5回になります。

次のプログラムを試してみよう

次のプログラムを試してみましょう。

mの初期値を1にして、繰り返し回数を8にしてみます。

```
01:RA = 0x30; m = 1
02:for i (8)
03:    RC = 255 - m
04:    m <<= 1
05:    wait(2500)
```

[コメント]

01：8つ並んだLEDを選択し、mをLSBのみ点灯のデータにし、

02：以下を8回繰り返します。

03：　mの1のbitのLEDを点灯します。

04：　mを1bit左にシフトして、

05：　約0.5秒待ちます。

参考

1bit左にシフトするのは、値を2倍にするということなので、m += m と書くこともできます。

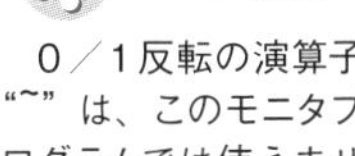

注意

0／1反転の演算子"~"は、このモニタプログラムでは使えません。

03行目では、255からmを引いた値をRCに出力しています。255（0xFF）からmを引くということは、mの各桁の0と1を反転するということを意味します。0と1を反転してRCに出力することで、mを2進数で表したときに1の桁のLEDが点灯する、ということになります。最初m = 1ですから、右端のLEDが点灯します。

04行目で、mを1bit左にシフトしています。

これを8回繰り返しているので、LEDが右端から順に1つずつ光る、ということになります。

次のプログラムはどんな動作をするか考えてみよう

次のプログラムはどんな動作になるでしょうか？

```
01:RA = 0x30
02:for i (256)
03:    RC = 255 - i
04:    wait(1000)
```

参照
「付録1：Let'sプログラミングのプログラム例」参照。
（→ p.141）

Let's プログラミング［B3-2］

❶ 押したキーのASCIIコードを、８つ並んだLEDの点灯パターンで２進数表示するプログラムを作ってみましょう。

❷ ８つ並んだLEDを１つだけ光らせて、点灯箇所が１のキーを押すと左に、２のキーを押すと右に移動するプログラムを作ってみましょう。端まで行ったらそれ以上は動かないようにしましょう。

B3-3 スイッチの状態を読み取る

次のようにプログラムを入力してみましょう。

参考
!=は、ノット・イコール（等しくない）という意味です。

```
01:m = 0                  mを0にして、whileループを繰り返すようにします。
02:while m != 0x0D:       Enterキーが押されるまで以下を繰り返します。
03:    print(RB0)             RB0の値を表示して、
04:    m = KB                 押されたキーのASCIIコードをmに入れます。
```

実行すると、値がズラズラと表示されます。

SW1を押すと値が0に、離すと1になることがわかるでしょう。

Enterキーを押すとmが0x0Dになりますので、whileループを終了します。

RB0をRB1に変更すると、SW2の状態で値が変わります。同様に、RB2でSW3、RB3でSW4の状態が読み取られます。それぞれ、押したら対応するbitが0、離したら1になります。

03行目をprint(RB)にすると、RB0～RB3の4bitをまとめて読み込んで、4bitの２進数で状態を表すことになります。押したところが0になりますので、どのスイッチも押していなければ、値は15(0x0F)、４つとも押したら0になります。

動作を切り替えるプログラムを作ってみよう

スイッチの状態に応じて動作を切り替えるプログラムを作ってみましょう。

```
01:RA = 0x30; m = 0; n = 0   ８つ並んだLEDを指定します。
02:while m != 0x0D:          Enterキーが押されるまで以下を繰り返します。
03:    RC = 255 - n              nの値をLEDで２進数表示します。
```

```
    if RB0 == 1:          SW1 が押されてなければ、
        n++                   n をインクリメントし、
    else:                 SW1 が押されていたら、
        n--                   n をディクリメントします。
    m = KB                m に押されたキーの ASCII コードを入れ、
    wait(1000)            少しだけ待ちます。
```

SW1を押していないときはカウントアップ、押している間はRB0が0になるので、カウントダウンに切り替わります。

Enterキーで実行停止です。

プログラムの実行を停止させてみよう

スイッチでプログラムの実行を停止するようにしてみましょう。

SW2を押すとRB1が0になって、whileループを終了し、実行停止します。

```
RA = 0x30; n = 0          8 つ並んだ LED を指定します。
while RB1 == 1:           SW2 が押されるまで以下を繰り返します。
    RC = 255 - n              n の値を LED で 2 進数表示します。
    if RB0 == 1:              SW1 が押されてなければ、
        n++                       n をインクリメントし、
    else:                     SW1 が押されていたら、
        n--                       n をディクリメントします。
    wait(1000)                少しだけ待ちます。
```

参照

「付録 1：Let's プログラミングのプログラム例」参照。
(→ p.142)

Let's プログラミング [B3-3]

❶ SW1～SW3の3bitで指定した位置のLEDを点灯させるプログラムを作ってみましょう。スイッチを3つとも押すと000ですからRC0に対応するLED、SW1を放すと001ですからRC1に対応するLED、3つとも放すと111ですからRC7に対応するLED、という具合に点灯させてみましょう。

❷ SW1を押すたびに、8つ並んだLEDが2進数でカウントアップするプログラムを作ってみましょう。さらに、SW2でカウントダウン、SW3で0にリセット、もできるようにしてみましょう。

❸ 8つ並んだLEDの点灯箇所が左右に移動し、SW1で左向きに、SW4で右向きに向きを変えて、互いに球を打ち返すような動作をさせてみましょう。

B3-4 7セグメントLEDに数字を表示する

7セグメントLEDは数字を表示するためによく用いられます。数字の部分のLEDが7つと、小数点を表すLEDも含めると光る部分が8つで、8bitの2進数でどれを光らせるかを表すのに相性がよいものです。ただし、本キットでは小数点は光りません。

数字の部分の7つのセグメントには、一般に図B3.1のようにa～gの記号が割り当てられます。

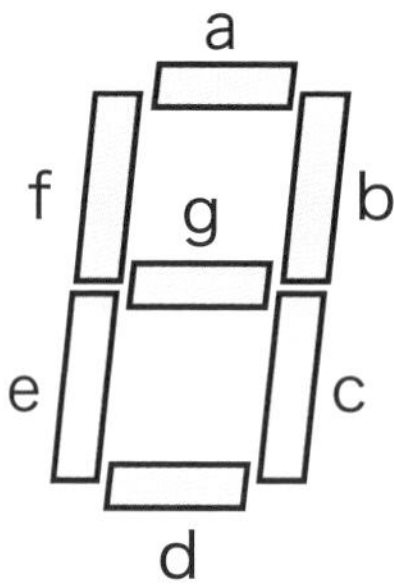

▲図B3.1 7セグメントLEDの各セグメントの記号

それぞれのセグメントは8つ並んだLEDと同様にRCの各bitに対応していて、値が0のbitに対応するLEDが点灯します。

▼表B3.1 7セグメントLEDのセグメントとCポートのbitとの対応

セグメント		g	f	e	d	c	b	a
対応するbit	RC7	RC6	RC5	RC4	RC3	RC2	RC1	RC0

(RC7は左から2つめの7セグメントLEDを選択時に“:”の部分のLEDに対応)

例えば、“0”と表示するためには、a、b、c、d、e、fの6つのセグメントを点灯させればよいので、RCに出力すべき値は、RC7は1にすることにすると、2進数では11000000、16進数では0xC0になります。

同様に、“1”を表示するには、bとcの2つのセグメントを点灯させればよいので、2進数では11111001、16進数では0xF9となります。

次のプログラムを実行してみよう

次のようにプログラムを入力して実行してみましょう。

```
01:RA = 0x18                          右端の7セグメントLEDを指定します。
02:while RB0 == 1:                    SW1が押されるまで以下を繰り返します。
03:    RC = 0xC0; wait(4000)              0を表示して少し待って、
04:    RC = 0xF9; wait(4000)              1を表示して少し待って、
05:    RC = 0xA4; wait(4000)              2を表示して少し待って、
06:    RC = 0xB0; wait(4000)              3を表示して少し待って、
07:    RC = 0x99; wait(4000)              4を表示して少し待って、
08:    RC = 0x92; wait(4000)              5を表示して少し待って、
09:    RC = 0x82; wait(4000)              6を表示して少し待って、
10:    RC = 0xD8; wait(4000)              7を表示して少し待って、
11:    RC = 0x80; wait(4000)              8を表示して少し待って、
12:    RC = 0x90; wait(4000)              9を表示して少し待ちます。
```

SW1を押して（RB0を0にして）9が表示されるまで待って、実行を停止してください。

while文の条件判断がされるのは、表示が9から0に変わるときですから、実行を停止するには、SW1を9が表示されるまで押し続けます。

教えて

このプログラムだと、最後の9が表示されるまでSW1を押してないと実行を停止できませんが、SW1を押したらいつでも実行を停止できるようにするにはどうしたらいいですか？

〔回答〕

03行目から12行目を、それぞれ“`if RB0 == 1:`”のネストにすればよいでしょう。

```
if RB0 == 1:
    RC = 0xC0 ; wait(4000)
if RB0 == 1:
    RC = 0xF9 ; wait(4000)
if RB0 == 1:
    RC = 0xA4 ; wait(4000)
    ..........
```

という具合です。

今度は配列を使ってやってみよう

アドバイス

配列の初期値に8bitのデータをセットする場合、16進数2桁だと4文字必要ですが、10進数だと3文字で済みますから、要素数が多い場合は、1行80文字以内に収めるためには10進数で表す方がよいこともあります。

同じことを、配列を使ってやってみましょう。

```
01:a[]={0xC0, 0xF9, 0xA4, 0xB0, 0x99, 0x92, 0x82, 0xD8,
     0x80, 0x90}
02:RA = 0x18
03:while RB0 == 1:
04:    for i (10)
05:        RC = a[i]
06:        wait(4000)
```

SW1を押して（RB0を0にして）9が表示されるまで待って、実行を停止してください。

キーボードで押した数字を表示してみよう

キーボードで押した数字を表示してみましょう。

アドバイス

"G" コマンドで実行後、数字のキー（テンキー）を押してください。

```
01:a[]={0xC0, 0xF9, 0xA4, 0xB0, 0x99, 0x92, 0x82, 0xD8,
   0x80,0x90}
02:RA = 0x18
03:while RB0 == 1:
04:    n = KB
05:    if n >= 0x30:
06:        if n <= 0x39:
07:            n &= 0x0F
08:            RC = a[n]
```

[コメント]

01：数字を表示するデータを配列にセットします。
（プログラムは改行しないで1行に入力してください）
02：右端の7セグメントLEDを指定します。
03：SW1が押されるまで以下を繰り返します。
04：　nに押されたキーのASCIIコードを入れ、
05：　　0から
06：　　　9までの数字キーなら、
07：　　　ASCIIコードの下位4bitを取り出して※1
08：　　　その数値を表示します。

アドバイス

※1：数字のASCIIコードからその数値に直す方法として、他には0x30を引くというのでもOKです。

SW1を押して（RB0を0にして）実行を停止してください。

07行目で、nと0x0FのANDをとっているのは、ASCIIコードの上位4bitを0にして下位4bitを取り出すという意味です。このように、bitごとのAND演算によって、注目する必要のない部分を強制的に0にして目隠しする操作を**マスクをかける**といいます（「[B2-6] 2進数のbit操作」参照）。

高速表示させてみよう

カウントアップを高速にして、ルーレットのように数字を表示してみましょう。

SW1で数字を止めます。もう一度押すと再スタートします。

```
01:a[]={0xC0, 0xF9, 0xA4, 0xB0, 0x99, 0x92, 0x82,
      0xD8, 0x80, 0x90}
02:m = 1; i = 0; RA = 0x18
03:while RB1 == 1:
04:    RC = a[i]
05:    if RB0 == 0:
06:        while RB0 == 0:
07:            wait(100)
08:        m ^= 1
09:    if m == 1:
10:        i++
11:        if i > 9:
12:            i = 0
13:    wait(100)
```

［コメント］

01：数字を表示するデータを配列にセットします。
　（プログラムは改行しないで1行に入力してください）
02：右端の7セグメントLEDを指定します。
03：SW2が押されるまで以下を繰り返します。
04：　iの値を表示します。
05：　SW1が押されたら、
06：　　離されるまで待って、
07：　　　チャタリングを回避し、
08：　　mを0／1反転します。
09：　mが1のときは、
10：　　iをカウントアップ（ルーレット回転）

11：　　　iは0～9の範囲に制限します。
13：　（ルーレットのスピードを決める待ち時間）

アドバイス
SW2で実行を停止します。

SW2を押して（RB1を0にして）実行を停止してください。

05行目～07行目で、SW1が押された場合、それが放されるまで待機しています。このように、マイコンのプログラムでは、"～するまで待機"という動作が必要になる場合が多いです。07行目の`wait(100)`は、スイッチの**チャタリング**[注]による影響を防ぐための待ち時間です。

ルーレットの場合、ルーレットが回転している状態と止まっている状態の2つの状態を切り替える必要があります。このプログラムでは、変数`m`の値でそれを区別しています。このように、いくつかの状態があって、状況に応じて状態を切り替える動作をするものを**ステートマシン**と呼びます。"ステート（state）"とは"状態"を意味する言葉です。

ある状態から別の状態に移ることを**状態遷移**（じょうたいせんい）といいます。また、状態遷移のキッカケになる現象を**イベント**といいます。

参考
このプログラムでは、SW1が押されたというイベントをwhile文で繰り返しチェックしていますが、プログラムの実行とは独立して、イベントの発生を随時知らせるしくみが**割り込み**(interrupt)です。モニタプログラムでは学ぶことができませんが、割り込みを使いこなすことは、マイコンのプログラムではとっても大事な事柄です。

このプログラムの場合、SW1が押された、というイベントによって、ルーレットの回転／停止が入れ替わるという状態遷移が起きている、ということになります。

[注] スイッチなどの機械的な電気接点がON／OFFする際、切り替わる瞬間には、細かい時間スケールで見ると、実際には何回もON／OFFを繰り返してから状態が切替わっています。この現象を**チャタリング**といいます。

ダイナミック点灯

7セグメントLEDで数値を表示する場合、2桁以上の数値を表示したい場合もあります。その場合、各桁のどのセグメントのLEDを点灯させるかを、それぞれ2進数のbitに割り当てようとすると、(桁数)×7だけのbit数が必要になり、各bitをそれぞれI/Oに割り当てようとするとピン数が足らなくなるでしょう。

参考
どれくらいのスピードの点滅ならチラツキを感じないか、を調べて目の疲労度を評価することを**フリッカーテスト**といいます。

そこで、どのセグメントを点灯させるかという情報と、どの桁を点灯させるかという情報に分けて、ある瞬間には1つの桁しか点灯していないけれども、点灯させる桁を目にも止まらぬ速さで高速に切り替えることにより、目の残像効果を利用して、見た目では何桁かの数字全体が光っているように見せる方法がよく用いられます。これを**ダイナミック点灯**といいます。一般に、1秒間におおよそ20回以上の速さの点滅は、人間の目にはチラツキを感じないと言われています。

次のプログラムを実行してみましょう。

```
01:while RB0 == 1:
02:     RC = 255; RA = 0x10; RC = 0xF9
03:     RC = 255; RA = 0x18; RC = 0xA4
```

［コメント］

01：SW1 が押されるまで以下を繰り返します。

02：　右から 2 つめの 7 セグメント LED に 1 を表示。

03：　右端の 7 セグメント LED に 2 を表示。

このモニタプログラムの実行速度では、whileループの繰り返しがそれほど速くないので、チラツキが避けられませんが、右側2つの7セグメントLEDに“12”という数字が表示されます。

SW1を押して（RB0を0にして）実行を停止してください。

02行目で、RAに0x10を出力することで10の位、03行目で0x18を出力して1の位の7セグメントLEDを点灯させています。点灯させる桁を切り替える前にRCに255を出力しているのは、LEDを一旦全て消灯させるためです。これがないと、それぞれの桁の数字がダブって見えてしまいます。

また、ダイナミック点灯の場合は、ずっと点灯しているわけではありませんので、桁数が増えるほど1つの桁が点灯している時間が短くなり、全体として明るさが暗くなってしまう※1、ということに注意が必要※2です。

参考

※1：このため、通常、ダイナミック点灯を行う場合は、点灯時にLEDに流す電流を大きくします。一般に、パルス的に点灯させる場合の最大許容電流値は、定常的に点灯する場合の許容電流値よりも大きいです。

参考

※2：繰り返しの周期に対する、点灯している時間の割合を**duty比**（デューティ比）といいます。つまり、パルスの繰り返し周期に対するパルス幅の割合のことです。duty比は、通常％で表します。duty比が50％なら、ONの時間とOFFの時間が同じ長さ、ということになります。

ダイナミック点灯で、10進数2桁のカウントアップ

ダイナミック点灯で、10進数2桁のカウントアップをしてみましょう。

```
a[]={0xC0, 0xF9, 0xA4, 0xB0, 0x99,
     0x92, 0x82, 0xD8, 0x80, 0x90}
m = 0; n = 0
while RB0 == 1:
    for i (20)
        RC = 255; RA = 0x10; RC = a[m]
        RC = 255; RA = 0x18; RC = a[n]
    n++
    if n > 9:
        n = 0
        m++
```

```
11:         if m > 9:
12:             m = 0
```

[コメント]

01：数字を表示するデータを配列にセットします。
（プログラムは改行しないで1行に入力してください）。
03：SW1が押されるまで以下を繰り返します。
04：　20回ずつ各桁の数字を表示します。
05：　　10の位の数字を表示。
06：　　1の位の数字を表示。
07：　1の位の数字をインクリメントし、
08：　9を超えたら、
09：　　0に戻してから、
10：　　10の位の数字をインクリメントし、
11：　　それも9を超えたら、
12：　　　0に戻します。

SW1を押して（RB0を0にして）実行を停止してください。

「付録1：Let'sプログラミングのプログラム例」参照。（→ p.145）

Let'sプログラミング［B3-4］

❶ キーボードで、0～9の数字、または、A～Fのキーを押すと、7セグメントLEDにその文字を表示するプログラムを作ってみましょう。Bはb、Dはdで表しましょう。
❷ ダイナミック点灯で16進数2桁のカウントアップをしてみましょう。

B3-5 音を鳴らす

サウンド出力を有効にするにはSONコマンドを実行します。コマンドプロンプトの状態でSON Enter と一度しておけば、RB2とRB3が出力に切り替わってサウンド出力ができるようになりますし、プログラムのステートメントとしてSONを実行しても構いません。

まず、音階を鳴らしてみましょう。

```
SON
SDo1; wait(4000)
SRe; wait(4000)
```

```
SMi; wait(4000)
SFa; wait(4000)
SSo; wait(4000)
SRa; wait(4000)
SSi; wait(4000)
SDo2; wait(4000); wait(4000)
SOFF
```

サウンド出力有効の状態ではSW3、SW4が使えません。

プログラムの最後のSOFFは必ずしも必要ありませんが、サウンド出力を使わない他のプログラムで困らないように、サウンド出力無効の状態でプログラムを終了するようにしています。

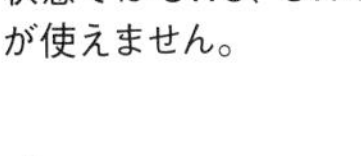

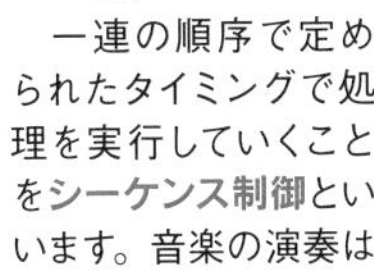

一連の順序で定められたタイミングで処理を実行していくことを**シーケンス制御**といいます。音楽の演奏はシーケンス制御の一例ということができます。

鳴らす音と次の音までの待ち時間（音符の長さ）を楽譜にしたがって並べれば、簡単な曲を演奏させることもできます。

```
SON
SDo1; wait(3600)
SRe; wait(1200)
SMi; wait(2400)
SDo1; wait(2400)
SMi; wait(2400)
SDo1; wait(2400)
SMi; wait(4800)
SRe; wait(3600)
SMi; wait(1200)
SFa; wait(1200)
SFa; wait(1200)
SMi; wait(1200)
SRe; wait(1200)
SFa; wait(4800)
SOFF
```

同じパターンの繰り返しがある曲の場合は、forループを使うとよいでしょう。

```
SON
for i (2)
    SDo1; wait(2400); SRe; wait(2400); SMi; wait(4800)
SSo; wait(2400)
```

```
SMi; wait(2400)
SRe; wait(2400)
SDo1; wait(2400)
SRe; wait(2400)
SMi; wait(2400)
SRe; wait(4800)
SOFF
```

SDo1などのサウンド出力コマンドで鳴るのは余韻の短い減衰音ですが、RB3を1にすることで余韻が長くなります（「[A4-9] サウンド出力部」を参照）。

```
SON
SDo1
RB3 = 1
```

最後にSOFFを付けずにおくと余韻の長さがわかるでしょう。

任意の高さの音を出す方法

音階にしばられずに任意の高さの音を出すには、特殊変数“SP”（Sound Pitchの意）を使います。

SPは16bitの変数で、SPの値と65536との差で、音を作る振動の周期が決まります[※1]。つまり、SPの値を大きくするほど振動の周期が短くなって、周波数が高い（音の高さが高い）音になります。あまり大きくし過ぎると、耳に聞こえない高さになってしまいますし[※2]、そもそも圧電ブザーで鳴らせる音の周波数には限界がありますので、いろいろと値を変えて試してみてください。

次のプログラムを実行してみると、SPの値がどれくらいのときに音の高さがどれくらいになるかがだいたいわかるでしょう。音を減衰音にせずに鳴らし続けるにはRB2を0にします（「[A4-9] サウンド出力部」を参照）。

```
SON
RB2 = 0; RB3 = 1
for i (3000)
    m = i << 3
    SP = 40000 + m
    print("SP="); print(SP)
```

参考

※1：音の振動の信号はTMR1割込みを使って生成しています。TMR1は16bitのアップカウンタで、オーバーフロー時に割込みを発生します。SPの値は、割込み発生時にTMR1にセットする初期値です。SPの値を大きくすると、オーバーフローするまでの時間が短くなり、音の周波数が高くなります。

参考

※2：人間の耳で聞こえる音の高さの限界は、おおよそ20kHzと言われています。これより高い周波数の音は超音波と呼ばれます。

超音波センサには40kHzの周波数がよく使われます。

```
07:SOFF
```

[コメント]

01：サウンド出力を有効にします。

02：TR3 のコレクタ電圧を供給し、TR2 を OFF にします。

03：SP の値を 40000 から 64000 まで 8 ずつ増やします。

04：　i の値を 8 倍して、（i は 0 ～ 2999）

05：　40000 にプラスして SP に代入します。

06：　SP の値を表示しておきます。

07：最後にサウンド出力を無効にします。

音の高さを周期的にわずかだけ変化させると、いわゆるビブラートをかけることができます。

RB2を一瞬だけ0にして、RB3を1にすることで余韻の長い減衰音になります。

```
01:SON
02:RB2 = 0; RB3 = 1; RB2 = 1
03:while RB0 == 1:
04:     SP = 64000; wait(50)
05:     SP = 64200; wait(50)
06:SOFF
```

[コメント]

01：サウンド出力を有効にします。

02：TR5 を一瞬 ON にして C7 をチャージし、TR2 を OFF にします。

03：SW1 が押されるまで以下を繰り返します。

04：　低い方の周波数に設定して、少し時間待ち、

05：　高い方の周波数に設定して、少し時間待ち、

06：サウンド出力を無効にして終了します。

SW1を押して（RB0を0にして）実行を停止してください。

「付録 1：Let's プログラミングのプログラム例」参照。（→ p.147）

Let's プログラミング [B3-5]

❶ 簡単な曲を演奏するプログラムを作ってみましょう。

❷ 鈴虫の音色を作ってみましょう。

B3-6 アナログ入力

RA0とRA1はアナログ入力で、RA0がVR1の電圧、RA1がCdSの電圧です。

```
01:while RB0 == 1:
02:    print("RA0="); print(RA0)
```

[コメント]

01：SW1 が押されるまで以下を繰り返します。

02：　“RA0=” につづいて RA0 の値を表示します。

VR1のツマミを回すと値が変わることがわかるでしょう。

SW1を押して（RB0を0にして）実行を停止してください。

上のプログラムのRA0をRA1（CdSの電圧）に替えてみましょう。CdSを手で覆（おお）って暗くすると、値が大きくなることがわかります。

次に、電圧をターミナル画面に、縦にスクロールするチャートのように表示してみましょう。

参考

※1：TeraTerm の Window 幅を横に広げれば 1 行に 80 字以上表示はできますが、プログラムの入力の際は 1 行 80 字までなので、それに合わせておく方がよいでしょう。

```
01:while RB0 == 1:                SW1 が押されるまで以下を繰り返します。
02:    m = RA0 >> 4               RA0 の値を読み込んで 16 で割り※1、
03:    for i (m++)                その値 +1 だけの個数の
04:        send(0x20)             スペースを開けてから※2、
05:    print("*"); print()        “*” を表示して改行します。
```

VR1のツマミを回すと“*”の位置が左右に動くことがわかるでしょう。

SW1を押して（RB0を0にして）実行を停止してください。

03行目でfor文の繰り返し回数をm++にしているのは、繰り返し回数の指定が0になってしまわないようにするためです。

参考

※2：4 行目を print("-")または send(0x2D)、あるいは、print("=") または send(0x3D) とすると、バーグラフのような表示になります。

参照

「付録 1：Let's プログラミングのプログラム例」参照。（→ p.149）

Let's プログラミング［B3-6］

❶ RA0の値を8つ並んだLEDで、棒グラフを表示するプログラムを作ってみましょう。

❷ RA0の値で音の高さが変わるプログラムを作ってみましょう。

B4 プログラミングの Tips

プログラムを考えるとき、どういうことをどういう順番ですればよいのか、ということを整理することはとても大事です。コンピュータに実行させる処理の手順のことを**アルゴリズム**といいます。まずこれをして、次にこれをして、こういう場合はこれをして…というようなことです。アルゴリズムを整理することと、もう一つ大事なのは、その処理を行うために必要な変数とその役割を整理することです。そして、その役割に応じて変数の**型**を適切に決めることも大事です。変数型によって、取り扱える数値の範囲が異なります。ちなみに、このモニタプログラムの場合は、変数は全て**unsigned int型**（符号なし16bit整数）です。

参考

ポイントは、扱うべき数値の範囲はどれほどかということと、整数でよいのか小数点以下も扱う必要があるのかということです。マイコンのプログラムの場合は、メモリの使用量を常に意識しておく必要があります。

プログラムをどういうアルゴリズムで実現するか、ということを考える際、処理の流れを**フローチャート**（**流れ図**）で図式的に表すことは有効です。

例えば、`if`文が実行することは次のような フローチャートで表されます。

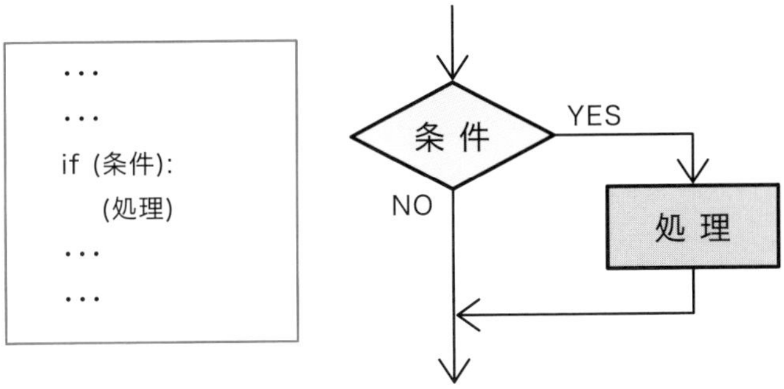

```
...
...
if (条件):
    (処理)
...
...
```


▲図 B4.1

フローチャートでは、一般的な処理は長方形で、条件判断はひし形の記号で表します。

アドバイス

一般的な処理は長方形で、条件判断はひし形の記号で表します。

同じように、`while`文の場合は図B4.2のように描けます。

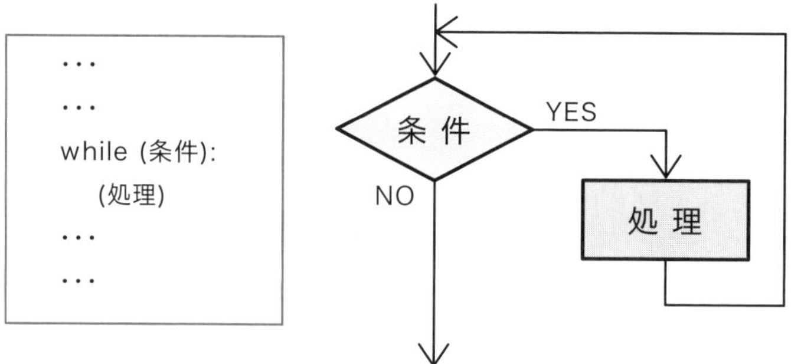

▲図 B4.2

こうしてみると、**if**文と**while**文は、条件が満たされたときの処理が終わった後の行先が違うだけ、ということがよくわかります。

ちなみに、**if**文に**else**が付いている場合は図B4.3のようになります。

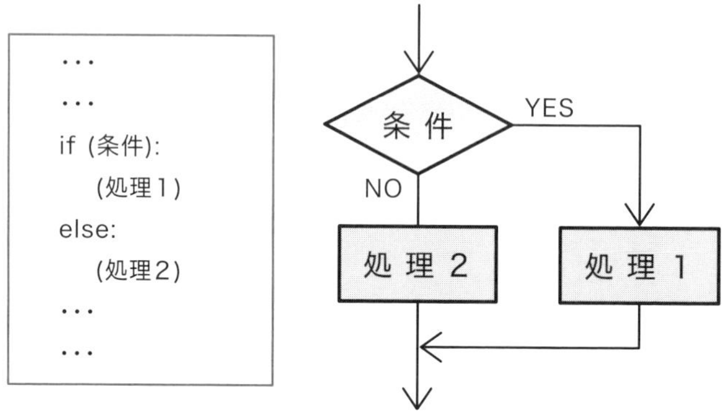

▲図 B4.3

また、**for**文をフローチャートで表すと、

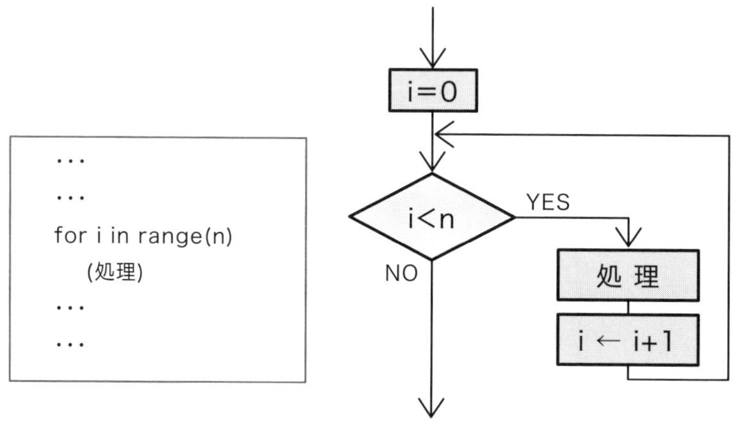

▲図 B4.4

となりますので、これは**while**文で実現することもできる、ということが

わかります。

デバッグ

プログラムを作ってみたけれども、なかなか思った通りの動作にならないということはよくあることです。そういう場合に、プログラムのどこに問題があるのかを見つけて修正する作業のことを**デバッグ**といいます。このモニタプログラムで作ったプログラムでは、ステートメントの記述におかしなところがある場合、実行すると、

```
Syntax Error !
```

というメッセージが出てプログラムの実行が停止することがあります。Syntax Errorとは文法エラーのことです。あるいは、プログラムによっては、モニタプログラム自体が暴走してしまい、コマンドプロンプト（">"）に戻ってこないことがあります。もし、暴走してしまったら、キットの電源を一旦OFFにして、改めてモニタプログラムを立ち上げ直してください。プログラムは消えてしまいますが、仕方ありません。「**[B2-1] 一番簡単なプログラム**」に記した方法で作成したプログラムを予め保存しておくことをお勧めします。

用語解説

・Syntax Error
文法エラー。

参考

本キットのように簡単な回路の場合は、気軽に電源をOFFしても構いませんが、一般にコンピュータで動く装置の電源を切る際は、正常な終了処理を経ずにいきなり電源をOFFすると、故障の原因にもなりますので注意してください。

このモニタプログラムの文法チェック機能はあまり厳しいものではありませんので、ステートメントの記述に誤りがあっても、そのままスルーしてしまって、計算結果だけがおかしい、ということも起こり得ますので注意してください。

Syntax Errorが出て停止しても、どこに問題があって、どこで止まったのかがパッとわからない、ということがよくあります。そういう場合は、プログラムのところどころに、

```
print(1)
```

とか、

```
print(2)
```

とか、順に番号を付けてprint()関数を挿入してみましょう。そうすると、プログラムのそこの部分が実行されたかどうかがわかります。このようにして、プログラムのここまではOK、次の部分はどうか、というふうにして**バグ**（プログラムの間違い部分や問題点）を追い詰めて行くとよいでしょう。バグ（bug）とは"害虫"という意味です。

重要なこと1（掛け算での注意点）

このモニタプログラムでは、計算式の演算子として掛け算や割り算も使うことができますが、掛け算や割り算は、繰り返しを必要とする処理にな

りますので、メモリの使用量や計算時間の観点からは、できるだけ使わずに済ますことを心掛けるのが、マイコンのプログラムを考える際には重要なことです。

例えば、10進数を扱うとき、値を10倍する、という操作が出て来ることがよくあります。

変数mの値を10倍する、という場合、

```
m *= 10
```

と書いても、もちろん計算はできますが、

```
n = m << 3        nはmの8倍
m <<= 1           mを2倍にする
m += n            元の2倍+8倍で10倍
```

とすると、もう1つ別の変数nを使うことにはなりますが、掛け算を使わずに済ますことができます。

参考

mを2倍にする、という操作も、

```
m *= 2
```

と書くこともできますが、

```
m <<= 1
```

あるいは

```
m += m
```

と書く方がよいでしょう。

他の値の掛け算でも、掛ける値を2進数で表したときに1になる桁が少ないほど、この方法の効果が大きくなります。例えば、×17を計算する場合は、元の値を4bit左シフト（16倍）したものに元の値を足せば済みます。

逆に、×15を計算する場合は、3bit左シフト（8倍）と2bit左シフト（4倍）と1bit左シフト（2倍）と元の値の4つを足し合わせるよりも、4bit左シフト（16倍）したものから元の値を引く方が速いです。

また、掛け算をする際には、その変数が扱える数値の範囲に注意が必要です。符号なし8bitなら最大値は255、符号なし16bitなら最大値は65535ですから、計算結果が一時的にでもこの範囲を越えることがないかどうかに、よく注意しなければなりません。

このモニタプログラムでは、変数は全て符号なし16bitですから、最大値は65535です。

重要なこと2（割り算での注意点）

割り算についても同じような注意が必要です。特に、整数しか扱えない変数を使って割り算をする際は、割る数（分母）より割られる数(分子)の方が小さい場合、整数では小数点以下は表せませんから、計算結果は0になってしまいます。

掛け算と割り算の組み合わせの計算で、最終的な計算結果が1以上になる計算でも、先に割り算をしてから掛け算をする、という順序で計算すると、割り算をした時点で値が0になってしまい、これにいくら掛けても結果は0、ということになってしまう場合もあり得ます。

整数の割り算の場合、掛け算による近似計算で代用する方法もあります。

例えば、3で割る、という場合、×0.3333.... を計算するということですが、

85 ／ 256 ≒ 0.332

ですので、85を掛けて8bit右シフトする、ということで近似できます。

85を掛けるのは、85 = 64 + 16 + 4 + 1ですから、6bit左シフト、4bit左シフト、2bit左シフトと元の数を足し合わせればよいのです。

プログラムで書けば、mに85を掛ける場合、例えば、

```
n = m          一旦、nに値をコピー
m <<= 2        mを2bit左シフト（元の4倍）
n += m         nにそれを加える（n = 4 × m + m）
m <<= 2        mをさらに2bit左シフト（元の16倍）
n += m         nにそれを加える（n = 16 × m + 4 × m + m）
m <<= 2        mをさらに2bit左シフト（元の64倍）
m += n         それにnを加える（m=64 × m+16 × m + 4 × m + m）
```

とすれば実現できます。

このとき、もちろん85を掛けた時点で扱える最大値を超えないかどうかには注意が要ります。

もっと粗い近似でよければ、5を掛けて16で割る。つまり、2bit左シフト（4倍）と元の数を足してから4bit右シフトする、という方法も使えます。

7で割るには、37（= 32 + 4 + 1）を掛けて256で割る、という近似計算が使えます。

また6で割るには、3で割ってから2で割る（1bit右シフト）とすればよいわけです。

重要なこと3（右シフトの場合の注意点）

このモニタプログラムでは、変数は全て符号なし（unsinged int型）ですので、あまり意識する必要はありませんが、一般にシフト演算については、右シフトの場合には注意が必要です。

左シフトの場合には、空いたLSBに入るのは0ですが、右シフトの際、空いたMSBに0が入るか1が入るかは、一般には符号有りか符号なしかによって扱いが異なります。

というのは、符号有りの場合、2の補数表現ではMSBは符号を表すことになります。つまり、MSBが0なら正の値ですし、1なら負の値（2の補数表現）になります。

例えば、8bitの場合は次のようになります。

▼表B4.1

2進数表示	符号なしの場合の値	符号有りの場合の値
1111 1111	255	−1
1111 1110	254	−2
・・・		
・・・		
1000 0000	128	−128
0111 1111	127	127
・・・		
・・・		
0000 0001	1	1
0000 0000	0	0

右シフトは、数値を1／2にするための操作ですが、値を半分にしたところで正負が変わることはないわけですから、右シフトでMSBが変化してはおかしくなります。したがって、符号有りの場合は、右シフトで空いたMSBには、元々0なら0のまま、元が1なら1が入る、ということになります。

重要なこと4（コメントを入力する）

アドバイス

コメントを入力しておくことが重要です。

コメントはプログラムの処理の内容を言葉で説明したり、プログラムを見やすくしたりするために付け加えるものです。

プログラムを考えて記述していく際、プログラムのステートメントを正しく書くことはもちろん大事ですが、それと合わせて**コメント**を入力しておくことが重要です。コメントとは、プログラムの実行の際には無視される記述のことで、プログラムの処理の内容を言葉で説明したり、プログラムを見やすくしたりするために付け加えるものです。

残念ながら、このモニタプログラムが提供するプログラミング機能には、マイコンのメモリ容量の制約もありますので、コメントの入力には対応していません。しかし、プログラムをパソコンのエディタで作成し、実行時にはクリップボードにコピーしてTeraTermに貼り付ける、という使い方をするのでしたら、エディタで作成するファイルの中では、プログラムのステートメントと共に、コメントも書き込んでおくことをお勧めします。

一般に、コメントはプログラムの各行に、巻末のプログラム例の記述のように、ステートメントの右側の余白部分を使って入力しますが、エディタで作成したプログラムのテキスト部分のみをクリップボードにコピーする便宜を考えると、コメントはプログラム本体とは行を分けて別に記述しておくのがよいでしょう。

例えば、

[プログラム]

```
01:RA = 0x30
02:m = 0
03:while RB0 == 1:
04:    RC = 255 - m
05:    m++
06:    wait(1000)
```

[コメント]

01：8 つ並んだ LED を指定して、

02：m の初期値を 0 にする。

03：SW1 が押される（RB0 ＝ 0）まで以下を繰り返す。

04：　m の値を 8 つ並んだ LED に表示して、

05：　m をインクリメントし、

06：　約 0.2 秒待つ。

といった具合です。

エディタの中には、画面上のテキストをブロック単位で選択する機能を持つものもあります（例えば、MkEditorなど）。そのようなエディタの場合は、ステートメントの右側にコメントを入れても、プログラムのステートメント部分のみを選択してコピーすることが可能です。

あるいは、Microsoft Wordなどのワープロソフトをエディタとして使うとすれば、書式を2段組にしたり、表機能を使うことで、左側にプログラム、右側にそのコメントという様式で、なおかつ、プログラム部分のみを選択可能にすることができます。実は、Microsoft Wordでも、Altキーを押しながらテキストをドラッグして選択すれば、ブロック単位での選択（矩形選択）をすることが可能です。Microsoft Wordでプログラムを作成する場合は、文字フォントは等幅のフォントを使うようにし、全ての制御文字を表示する設定にして、空白の数を数えることができる状態にしておくのがベターです。もちろんのことですが、プログラムの記述に使えるのは半角英数字のみで、全角文字がウッカリ入ってしまわないようにしなければなりません。特に、全角の空白には気を付ける必要があります。

コメントは、プログラムの各行で実行する内容を、それと1：1対応するように言葉で表現するのが理想です。そのように各行にコメントがキチンと付けられていれば、コメントはプログラムの処理の内容を説明する一連の文章になります。そういう意味では、コンピュータのプログラムを作成するということは、「文章を書く」ということと実質的に同じと言えます。ですから、プログラミング技術の向上を目指す

参考

ブロック選択（矩形選択）ができるエディタの場合は、行番号だけのテキストを作っておけば、プログラムを作成・編集する際は行番号を付けずに作業し、TeraTerm 画面に貼り付けるためにコピーする際に、行番号の部分だけをブロック選択し、プログラムの行の先頭に貼り付け、行番号の付いた状態にしてからコピーする、という方法が使えます。こうすると、プログラムの行の削除・挿入の度に行番号を付け替える煩わしさがなくなります。

参考

ただし、空白（スペース）に全角のスペースは使わないようにしてください。空白は全て半角スペースを使ってください。

参考

Microsoft Word では、Alt キーを押しながらテキストをドラッグ選択すると、ブロック単位での選択が可能です。

ただし、Word を使ってプログラムを作成する際は、文字のフォントに注意が必要です。等幅フォントを使わないと、インデント量を揃えることが難しくなります。

参考

コメントはステートメントの動作を説明する言葉ではなく、その動作の目的や意味を書くようにしましょう。

例えば、"m=0" というステートメントに「m に 0 を代入する」というコメントを付けても無意味です。何のために m を 0 にするのか、ということを説明しましょう。

ならば、論理的な作文の練習をすることがとても重要です。

COLUMN フルカラー LED で中間色を出す

フルカラー LED は R、G、B の 3 色の LED がそれぞれ光り、3 色の光の強さの組み合わせでいろんな色を出すことができるものですが、C ポートで LED の点灯を制御ことができるのは ON か OFF だけです。RC0 が赤 LED、RC1 が緑 LED、RC2 が青 LED の ON ／ OFF を決めています。ON ／ OFF の切り替えだけで明るさをコントロールする方法として、PWM（Pulse Width Modulation）制御があります。PWM 制御とは、duty 比（繰り返しの周期の中で点灯している時間の割合）を変えることで平均的な量（明るさ）を調節することです。

たとえば次のプログラムのようにすると、実行スピードの制約上、少しチラツキは避けられませんが、中間的な色を出すこともできます。モニタプログラム上では、プログラムの実行はインタプリタとしての動作になりますので、実行スピードを速くするには、文字数をできるだけ少なくするのが得策です。

```
RA=0x28; m=10; p=0xFC; q=0xF9      0xFC：黄色、0xF9：シアン
for j (20)
    for i (m)
        RC=p;RC=q;RC=q;RC=q;RC=q    黄色 20%、シアン 80%
    for i (m)
        RC=p;RC=p;RC=q;RC=q;RC=q    黄色 40%、シアン 60%
    for i (m)
        RC=p;RC=p;RC=p;RC=q;RC=q    黄色 60%、シアン 40%
    for i (m)
        RC=p;RC=p;RC=p;RC=p;RC=q    黄色 80%、シアン 20%
    for i (m)
        RC=p;RC=p;RC=p;RC=q;RC=q    黄色 60%、シアン 40%
    for i (m)
        RC=p;RC=p;RC=q;RC=q;RC=q    黄色 40%、シアン 60%
RC = 255                            最後は消灯で終了。
```

ちなみに、ファームウェアの英語版には pwm() 関数があるのですが、残念ながら pwm() 関数では C ポートの各 bit の duty 比を独立して変えることができません。

付録

- 付録 1：Let's プログラミングのプログラム例
- 付録 2：サンプルプログラム
- 付録 3：モニタプログラムに内蔵のサンプルプログラム

付録1 「Let's プログラミング」のプログラム例

「[B2] プログラミングの基礎」で取り上げました「Let'sプログラミング」のプログラム例をここで紹介しておきます。

まずは、各自で「Let'sプログラミング」にチャレンジしてみてください。どうプログラムを書けばよいか分からないという方も、ここに掲載したプログラムを参考にしながら学習してください。

付録1 B2-1 一番簡単なプログラム

参照 → p.91

❶ m、nの値をいろいろ変えて実行してみましょう。

【プログラム例（B2-1 ❶）】

```
m = 3
n = 5
m = m + n
print(m)
```

❷ 足し算を他のいろいろな演算に替えて実行してみましょう。

【プログラム例（B2-1 ❷）】

```
m = 6
n = 2
m = m - n
print(m)
```

```
m = 6
n = 2
m = m * n
print(m)
```

```
m = 6
n = 2
m = m / n
print(m)
```

付録1 B2-2 繰り返しのあるプログラム（for 文）

参照 → p.96

❶ 0、10、20、30、…と値を10ずつ90まで表示するプログラムを作ってみましょう。

【プログラム例（B2-2 ❶）】

参考
i の 10 倍を m とする計算でも OK です。

```
m = 0           最初は m=0。
for i (10)      以下を 10 回繰り返します。
    print(m)        m の値を表示して、
    m += 10         10 を足します
```

付録1 B2-3 条件判断と分岐（if 文）

参照 → p.99

❶ i を 0 から 9 まで 10 回繰り返しで、5 以上のときには数字に“*”を付けて表示するプログラムを作ってみましょう。

【プログラム例1（B2-3 ❶）】

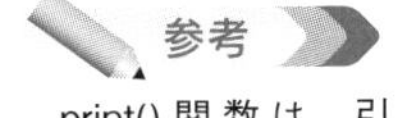
参考
print() 関数は、引数が文字の場合、改行が入りません。

```
for i (10)              i が 0 から 9 まで 10 回繰り返します。
    if i > 4:               i が 5 以上なら、
        print("*")              “*”を表示してから、
    print(i)                i の値を表示します。
```

【プログラム例2（B2-3 ❶）】

```
for i (10)              i が 0 から 9 まで 10 回繰り返します。
    if i > 4:               i が 5 以上なら、
        print("*")              “*”を表示して、
    else:                   そうでなければ、
        send(0x20)              空白を表示してから、
    print(i)                i の値を表示します。
```

A != B
AとBが等しくない。

❷ iを0から9まで10回繰り返して、奇数には数字に"*"を付けて表示するプログラムを作ってみましょう。

【プログラム例（B2-3 ❷)】

```
01:for i (10)              iが0から9まで10回繰り返します。
02:     n = i & 1              iのLSBが、
03:     if n != 0:             0でなければ（つまり、奇数なら)、
04:         print("*")             "*"を表示して、
05:     else:                  そうでなければ、
06:         send(0x20)             空白を表示してから、
07:     print(i)               iの値を表示します。
```

参考

02行目と03行目をまとめて、
if i & 1 != 0:
と書くこともできます。

付録1 B2-4 繰り返しのある条件判断（while文）

→ p.101

❶ for i in range(10)と同じことをwhile文を使って実現してみましょう。

【プログラム例（B2-4 ❶)】

```
i = 0                      最初はi=0。
while i < 10:              iが10より小さい間、以下を繰り返します。
    n = i & 1                  iのLSBが、
    if n != 0:                 0でなければ（つまり、奇数なら)、
        print("*")                 "*"を表示して、
    else:                      そうでなければ、
        send(0x20)                 空白を表示してから、
    print(i)                   iの値を表示して、
    i++                        iをインクリメントします。
```

2進数のLSBはその数を2で割った余りです。

❷ 押したキーの文字を表示するプログラムで、文字数が20を超えたら終了するプログラムを作ってみましょう。

【プログラム例（B2-4 ❷)】

```
m = 0                      mは入力された文字数。
while m < 20:              mが20になるまで、以下を繰り返します。
    n = KB                     押されキーのASCIIコードが、
```

```
04:     if n >= 0x20:            制御コードでなければ、
05:         send(n)                  エコーバックして、
06:         m++                      文字数をカウントアップします。
07:print(); print("END")   最後に改行して“END”と表示。
```

❸ メッセージ（文字列）を5種類用意して、1～5のキーで指定した番号のメッセージを表示するプログラムを作ってみましょう。Enterキーで実行が終了するようにしましょう。

A == B
AとBが等しい。

【プログラム例（B2-4 ❸)】

```
01:m = 1:
02:while m == 1:
03:     n = KB
04:     if n == 0x31:
05:         print("I_have_a_pen."); print()
06:     if n == 0x32:
07:         print("I_have_an_apple."); print()
08:     if n == 0x33:
09:         print("Ah----n"); print()
10:     if n == 0x34:
11:         print("apple-&-Pen"); print()
12:     if n == 0x35:
13:         print("PPaP"); print()
14:     if n == 0x0D:
15:         m = 0
```

[コメント]

01：mを1にして、
02：mが1の間、以下を繰り返します。
03：　押されたキーが、
04：　“1”なら、
05：　　1つめのメッセージを表示して改行、
06：　“2”なら、
07：　　2つめのメッセージを表示して改行、
08：　“3”なら、
09：　　3つめのメッセージを表示して改行、
10：　“4”なら、
11：　　4つめのメッセージを表示して改行、
12：　“5”なら、

13：　　　　5つめのメッセージを表示して改行、
14：　　Enter キーなら、
15：　　　　m を 0 にして繰り返し終了。

付録1 B2-5 配列

→ p.104

❶ 1のキーを押したら"A"を3つ、2のキーを押したら"B"を5つ、3のキーを押したら"C"を7つ表示するプログラムを作ってみましょう。

【プログラム例（B2-5 ❶）】

```
01:a[]={3, 5, 7, 0x41, 0x42, 0x43}
02:m = 1
03:while m == 1:
04:    n = KB
05:    if n > 0x30:
06:        if n < 0x34:
07:            n &= 0x0F
08:            n--
09:            p = n + 3
10:            for i (a[n])
11:                send(a[p])
12:            print()
13:    if n == 0x0D:
14:        m = 0
```

07 行目の n &= 0x0F は n の上位 4bit を強制的に 0 にして（マスクをかける）、下位 4bit の情報のみを取り出す作業です。

Enter キーで終了します。

[コメント]

01：個数と表示する文字の ASCII コードを配列にセット。
02：m を 1 にして、
03：m が 1 の間、以下を繰り返します。
04：　　押されたキーが、
05：　　“0” より大きく、
06：　　　　“4” より小さいなら、
07：　　　　　　ASCII コードの下位 4bit を取り出して、
08：　　　　　　1 を引いて（1〜3 を 0〜2 にずらす）、
09：　　　　　　表示する文字の ASCII コードは 3 つ先にあるので、
10：　　　　　　指定された回数だけ、

```
11：                その ASCII コードを送信して、
12：            改行します。
13：    Enter キーなら、
14：        m を 0 にして繰り返し終了。
```

❷ a[]に10個の数値をセットし、これを小さい順に並べ替えるプログラムを作ってみましょう。

【プログラム例（B2-5 ❷）】

アドバイス

01行目の{ }内の数値を小さい順に並べ替えます。

```
01:a[]={34, 23, 10, 50, 45, 5, 78, 21, 67, 88}
02:for i (9)
03:    m = 9 - i
04:    for j (m)
05:        k = i + j
06:        k++
07:        if a[i] > a[k]:
08:            n = a[i]
09:            a[i] = a[k]
10:            a[k] = n
11:for i (10)
12:    print(a[i])
```

[コメント]

```
01：初期値 10 個を配列にセット。
02：0 番目の要素から 8 番目の要素まで、
03：    m は比較する相手の個数。
04：    相手の個数だけ以下を繰り返し。
05：        k は比較する相手の指標番号。
06：        相手は自分の隣から、
07：        相手が自分より小さいなら、
08：            自分と、
09：            相手を、
10：            入れ替える。
11：最後に、並べ替えられた 10 個を、
12：    表示して終了。
```

付録1 B2-6 2進数のbit操作

→ p.105

❶ 数字のキーを押したらその値を表示するようにしてみましょう。

【プログラム例（B2-6 ❶）】

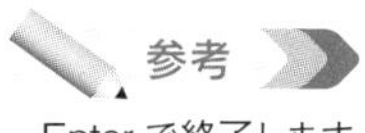

Enter で終了します。

```
01:m = 1
02:while m == 1:
03:     n = KB
04:     if n >= 0x30:
05:         if n <= 0x39:
06:             n &= 0x0F
07:             print(n)
08:     if n == 0x0D:
09:         m = 0
```

[コメント]

01：m を 1 にして、
02：m が 1 の間、以下を繰り返します。
03：　押されたキーが、
04：　数字のキーなら、
06：　　　ASCII コードの下位 4bit を取り出して、
07：　　　その数値を表示します。
08：　Enter キーが押されたら、
09：　　m を 0 にして繰り返し終了。

参考
06 行目は、
n -= 0x30
でも OK。

❷ 数字のキーを押して、その値がnだとしたら、2^nの値を表示するようにしてみましょう。

【プログラム例（B2-6 ❷）】

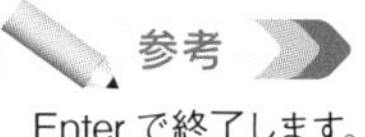

Enter で終了します。

```
01:m = 1
02:while m == 1:
03:     n = KB
04:     if n >= 0x30:
05:         if n <= 0x39:
06:             n &= 0x0F
07:             print(1 << n)
```

```
08:     if n == 0x0D:
09:         m = 0
```

[コメント]

01：mを1にして、
02：mが1の間、以下を繰り返します。
03：　押されたキーが、
04：　数字のキーなら、
06：　　　ASCIIコードの下位4bitを取り出して、
07：　　　1をその数値の回数左シフト(×2)して表示します。
08：　Enterキーが押されたら、
09：　　mを0にして繰り返し終了。

付録1 B3-2 LEDをON／OFF

→p.109

❶ 押したキーのASCIIコードを、8つ並んだLEDの点灯パターンで2進数表示するプログラムを作ってみましょう。

【プログラム例（B3-2 ❶）】

SW1で終了します。

04行目でmを0x20以上に限定しているのは、0x00～0x1Fの制御コードを除くという意味です。

```
01:RA = 0x30; RC = 255      8つ並んだLEDを指定して、最初は全消灯。
02:while RB0 == 1:          SW1が押されるまで以下を繰り返します。
03:     m = KB                  押されたキーのASCIIコードが、
04:     if m >= 0x20:           制御コードでなければ、
05:         RC = 255 - m            それをLEDで2進数表示します。
```

❷ 8つ並んだLEDを1つだけ光らせて、点灯箇所が1のキーを押すと左に、2のキーを押すと右に移動するプログラムを作ってみましょう。端まで行ったらそれ以上は動かないようにしましょう。

【プログラム例（B3-2 ❷）】

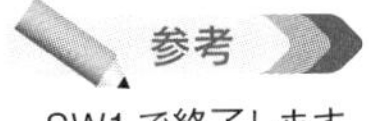

SW1で終了します。

```
01:RA = 0x30; RC = 254
02:m = 0
03:while RB0 == 1:
04:     n = 1
05:     if m > 0:
```

参考

06 行目の
n <<= m
は、n を m bit 左シフトするという意味です。

```
06:         n <<= m
07:     RC = 255 - n
08:     n = KB
09:     if n == 0x31:
10:         if m < 7:
11:             m++
12:     if n == 0x32:
13:         if m > 0:
14:             m--
```

[コメント]

01：8 つ並んだ LED を指定して、最初は右端だけ点灯。
02：m は点灯箇所の番号（右から 0、1、2、…、6、7）
03：SW1 が押されるまで以下を繰り返します。
04：　n は RC に出力するためのデータ
05：　m が 1 以上なら、
06：　　1 を m-bit 左にシフトして、
07：　そこの LED を点灯させる。
08：　押されたキーの ASCII コードを読んで、
09：　"1" のキーが押されたら、
10：　　m の最大値を 7 に制限しつつ、
11：　　　m をインクリメントし、
12：　"2" のキーが押されたら、
13：　　m の最小値を 0 に制限しつつ、
14：　　　m をディクリメントします。

付録1 B3-3 スイッチの状態を読み取る

参照

→ p.112

❶ SW1～SW3の3bitで指定した位置のLEDを点灯させるプログラムを作ってみましょう。スイッチを3つとも押すと000ですからRC0に対応するLED、SW1を放すと001ですからRC1に対応するLED、3つとも放すと111ですからRC7に対応するLED、という具合に点灯させてみましょう。

【プログラム例（B3-3 ❶）】

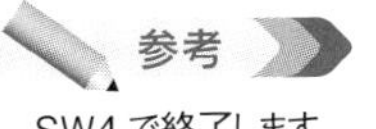

SW4で終了します。

```
01:RA = 0x30            8つ並んだLEDを指定して、
02:while RB3 == 1:      SW4が押されるまで以下を繰り返します。
03:    m = RB & 7           RBの下位3bitを取り出し、
04:    n = 1 << m           1をその数だけ左シフトして、
05:    RC = 255 - n         その位置のLEDを点灯します。
```

❷ SW1を押すたびに、8つ並んだLEDが2進数でカウントアップするプログラムを作ってみましょう。さらに、SW2でカウントダウン、SW3で0にリセットもできるようにしてみましょう。

【プログラム例（B3-3 ❷）】

参考

SW4で終了します。

```
01:RA = 0x30
02:m = 0
03:while RB3 == 1:
04:    if RB0 == 0:
05:        m++
06:        RC = 255 - m
07:        print(m)
08:        while RB0 == 0:
09:            wait(100)
10:    if RB1 == 0:
11:        m--
12:        RC = 255 - m
13:        print(m)
14:        while RB1 == 0:
15:            wait(100)
16:    if RB2 == 0:
17:        m = 0
18:        RC = 255
19:        print(m)
20:        while RB2 == 0:
21:            wait(100)
```

[コメント]

01：8つ並んだLEDを指定して、

02：mをカウンタとして初期値0とします。

03：SW4が押されるまで以下を繰り返します。

```
  SW1 が押されたら、
        m をカウントアップして、
        LED で 2 進数表示します。
        と同時に、ターミナル画面にも値を表示します。
        SW1 が放されるまで、
              チャタリングを避けつつ待ちます。
  SW2 が押されたら、
        m をカウントダウンして、
        LED で 2 進数表示します。
        と同時に、ターミナル画面にも値を表示します。
        SW2 が放されるまで、
              チャタリングを避けつつ待ちます。
  SW3 が押されたら、
        m を 0 にリセットして、
        LED で 2 進数表示します。
        と同時に、ターミナル画面にも値を表示します。
        SW3 が放されるまで、
              チャタリングを避けつつ待ちます。
```

❸ 8つ並んだLEDの点灯箇所が左右に移動し、SW1で左向きに、SW4で右向きに向きを変えて、互いに球を打ち返すような動作をさせてみましょう。

【プログラム例（B3-3 ❸）】

参考
<<
左シフト
>>
右シフト

```
RA = 0x30
m = 1; n = 0
while RB1 == 1:
    RC = 255 - m
    if n == 0:
        if m < 0x80:
            m <<= 1
    else:
        if m > 1:
            m >>= 1
    if RB0 == 0:
        n = 0
    if RB3 == 0:
        n = 1
```

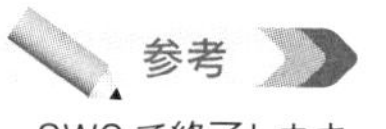

SW2 で終了します。

```
15:     wait(300)
```

[コメント]

01：8つ並んだLEDを指定して、
02：mはLED表示のためのデータ、nは移動の向き（0のとき左へ）
03：SW2が押されるまで以下を繰り返します。
04：　　mの値を2進数表示します。
05：　　nが0の場合は、
06：　　　　まだ左端まで来てなければ、
07：　　　　　　左に1bitシフトし、
08：　　nが1の場合は、
09：　　　　まだ右端まで来てなければ、
10：　　　　　　右に1bitシフトします。
11：　　SW1が押されてたら、
12：　　　　移動の向きを左向きに（nを0にする）、
13：　　SW4が押されてたら、
14：　　　　移動の向きを右向きに（nを1にする）変更します。
15：　　移動のスピードを制限するために少し待ちます。

付録1 B3-4　7セグメントLEDに数字を表示する

→ p.114

❶ キーボードで、0～9の数字、または、A～Fのキーを押すと、7セグメントLEDにその文字を表示するプログラムを作ってみましょう。Bはb、Dはdで表しましょう。

【プログラム例（B3-4 ❶）】

参考

1行の文字数は80文字までです。

A >= B
AがB以上。
A <= B
AがB以下。

```
01:a[]={192,249,164,176,153,146,130,216,128,144,136,131,198
,161,134,142}
02:RA = 0x18; m = 1; RC = 255
03:while m == 1:
04:     n = KB
05:     if n >= 0x30:
06:          if n <= 0x39:
07:               p = 0x0F & n
08:               RC = a[p]
09:     if n >= 0x41:
```

参考

Enter キーで終了します。

```
10:         if n <= 0x46:
11:             p = 0x0F & n
12:             p += 9
13:             RC = a[p]
14:     if n >= 0x61:
15:         if n <= 0x66:
16:             p = 0x0F & n
17:             p += 9
18:             RC = a[p]
19:     if n == 0x0D:
20:         m = 0
```

[コメント]

01：数字と A ～ F を表示するデータを配列にセットします（プログラムは改行しないで 1 行に入力してください）。
02：右端の 7 セグメント LED を指定して、最初は消灯。
03：m が 1 の間、以下を繰り返します。
04：　押されたキーの ASCII コードを読んで、
05：　“0” から、
06：　　“9” までなら、
07：　　　下位 4bit を取り出して、
08：　　　その数値を表示します。
09：　“A” から、
10：　　“F” までなら、
11：　　　下位 4bit を取り出して、
12：　　　配列の指標に合わせるために調整して、
13：　　　その文字を表示します。
14：　“a” から、
15：　　“f” までなら、
16：　　　下位 4bit を取り出して、
17：　　　配列の指標に合わせるために調整して、
18：　　　その文字を表示します。
19：　Enter キーが押されたら、
20：　　m を 0 にして繰り返しを終了します。

❷ ダイナミック点灯で16進数2桁のカウントアップをしてみましょう。

SW1で終了します。

【プログラム例（B3-4 ❷)】

```
01:a[]={192,249,164,176,153,146,130,216,128,144,136,131,198
,161,134,142}
02:m = 0; n = 0
03:while RB0 == 1:
04:    for i (20)
05:        RC = 255; RA = 0x18; RC = a[m]
06:        RC = 255; RA = 0x10; RC = a[n]
07:    m++
08:    if m > 15:
09:        m &= 0x0F; n++; n &= 0x0F
```

[コメント]

01：数字とA～Fを表示するデータを配列にセット（プログラムは改行しないで1行に入力してください）。

02：mが1の位の値、nが16の位の値。最初は0。

03：SW1が押されるまで以下を繰り返します。

04：　各桁の数字を20回ずつ表示します。

05：　　1の位の数字を点灯させ、

06：　　16の位の数字を点灯させます。

07：　1の位の値をインクリメントし、

08：　15を超えたら、

09：　　0に戻して、16の位を15に制限しつつ、インクリメントします。

付録1 B3-5 音を鳴らす

→ p.120

❶ 簡単な曲を演奏するプログラムを作ってみましょう。

【プログラム例（B3-5 ❶)】

```
01:SON
02:for i (2)
03:    SDo1; wait(2400); SDo1; wait(2400)
04:    SSo; wait(2400); SSo; wait(2400)
05:    SRa; wait(2400); SRa; wait(2400)
```

```
06:     SSo; wait(4800)
07:     SFa; wait(2400); SFa; wait(2400)
08:     SMi; wait(2400); SMi; wait(2400)
09:     SRe; wait(2400); SRe; wait(2400)
10:     SDo1; wait(4800)
11:     if i < 1:
12:         for j (2)
13:             SSo; wait(2400); SSo; wait(2400)
14:             SFa; wait(2400); SFa; wait(2400)
15:             SMi; wait(2400); SMi; wait(2400)
16:             SRe; wait(4800)
17:SOFF
```

❷ 鈴虫の音色を作ってみましょう。

【プログラム例（B3-5 ❷）】

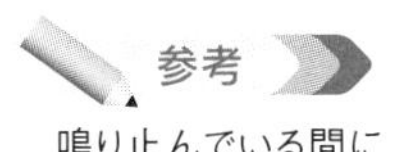

鳴り止んでいる間にSW1を押すと終了します。

```
01:SON
02:RB3 = 1
03:while RB0 == 1:
04:     for i (5)
05:         RB2 = 0; wait(10); RB2 = 1
06:         for j (100)
07:             SP = 64500; wait(30)
08:             SP = 64700; wait(30)
09:     for i (5)
10:         wait(4500)
11:SOFF
```

[コメント]

01：サウンド出力を有効にし、
02：余韻が長くなるようにTR2をOFFにします。
03：SW1が押されるまで以下を繰り返します。
04：　5回鳴きます。
05：　　一瞬だけTR5をONにしてC7をチャージ。
06：　　ビブラート100回。
07：　　　低い方の音を出して、少し時間待ち、
08：　　　高い方の音を出して、少し時間待ち。
09：　数秒間、鳴きやみます。
10：

11：SOFF 最後にサウンド出力を無効に戻して終了。

付録1 B3-6 アナログ入力

→ p.124

❶ RA0の値を8つ並んだLEDで棒グラフ表示するプログラムを作ってみましょう。

【プログラム例（B3-6 ❶）】

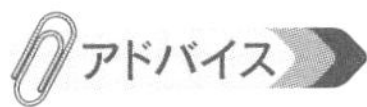

"G" コマンドで実行し、VR1のツマミを回してください。

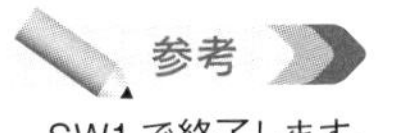

SW1で終了します。

```
01:RA = 0x30; RC = 255          8つ並んだLEDを指定して、最初は全消灯。
02:while RB0 == 1:              SW1が押されるまで以下を繰り返します。
03:    m = RA0                      RA0の値を読んで、
04:    n = 0                        0～1023の間を9分割（0～8）して、
05:    if m > 113:                  その何番目か、
06:        while m > 113:               を調べ、
07:            m -= 114; n++                その値をnとします（0～8）。
08:    if n > 0:                    nが1～8のときは、
09:        m = 1 << n                   2のn乗から、
10:        m--                          1を引いた値とし、
11:    else:                        nが0のときは、
12:        m = 0                        0として、
13:    RC = 255 - m                 その値を2進数表示します。
```

❷ RA0の値で音の高さが変わるプログラムを作ってみましょう。

【プログラム例（B3-6 ❷）】

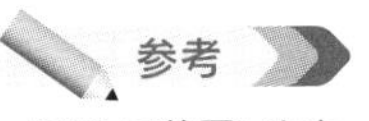

SW1で終了します。

```
01:SON                          サウンド出力を有効にし、
02:RB3 = 1; RB2 = 0             TR2をOFF、TR5をON（持続音）にします。
03:while RB0 == 1:              SW1が押されるまで以下を繰り返します。
04:    m = RA0                      RA0の値（0～1023）を読んで、
05:    m <<= 2                      それを4倍し、
06:    SP = 60000 + m               60000に加えた値をSPにセットします。
07:SOFF                         最後にサウンド出力を無効にして終了します。
```

付録2 サンプルプログラム

もう少し発展的なプログラムの例を紹介します。ゲーム感覚で楽しめるプログラムもありますので、楽しみながらチャレンジしてください。

2進数と10進数

参考

プログラムのテキストファイルは、技術評論社・書籍案内「新居浜高専PICマイコン学習キット Ver.3 完全ガイド」の『本書のサポートページ』よりダウンロードできます(p.2の「プログラムリストのダウンロード」参照)。

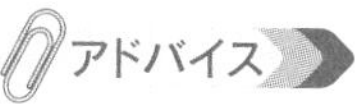

アドバイス

01、02、03行目は、それぞれ1行で入力してください。

・8つ並んだLED（D4～D11）がランダムに光るので、点灯箇所が1の8bitの2進数としたら、10進数では値がいくらかを答えてください。PCのキーボードで数値を入力して Enter を押します。正解したら○を表示して「ピン・ポン」、不正解なら×を表示して「ブー」を鳴らします。

```
01:send(0xEF); send(0xBC); send(0x91); send(0xEF); send(0xBC); send(0x90)
02:send(0xE9); send(0x80); send(0xB2); send(0xE6); send(0x95); send(0xB0)
03:send(0xE3); send(0x81); send(0xA7); send(0xE3); send(0x81); send(0xAF)
04:send(0xEF); send(0xBC); send(0x9F); print()
05:RA = 0x30
06:while RB0 == 1:
07:    n += RA1
08:    n &= 0xFF
09:    RC = 255 - n
10:    m = 1; p = 0
11:    while m == 1:
12:        q = KB
13:        if q >= 0x30:
14:            if q <= 0x39:
15:                send(q)
16:                q &= 0x0F
17:                p <<= 1
```

SW1で終了します。

```
18:                 i = p << 2
19:                 p += i
20:                 p += q
21:         if q == 0x0D:
22:             m = 0
23:         if RB0 == 0:
24:             m = 0
25:     if RB0 == 1:
26:         if p == n:
27:             send(0x20)
28:             send(0xE2); send(0x97); send(0x8B)
29:             SON; SSi;wait(2500)
30:             SSo; wait(2500);SOFF
31:             print()
32:         else:
33:             send(0x20)
34:             send(0xC3); send(0x97)
35:             SP = 0xC445
36:             SON; RB2 = 0; wait(2500)
37:             wait(2500); SOFF
38:             send(0x20)
39:             send(0xE6); send(0xAD); send(0xA3)
40:             send(0xE8); send(0xA7); send(0xA3)
41:             send(0xE3); send(0x81); send(0xAF)
42:             send(0x20); print(n)
```

[コメント]

01：“10進数では？”と表示
05：8つ並んだLEDを選択
06：SW1を押すまで繰り返し、
07：　CdSの電圧でランダムな値を決めて、
09：　8つ並んだLEDに2進数表示
11：　　キーボードから数値の入力を待つ
13：　　数字のキーが押されたら、
15：　　　エコーバックして、
16：　　　現在の値を10倍して、1の位として入力
21：　　Enterキーが押されたら数値入力終了
23：　　SW1が押されてたら実行終了
25：　SW1が押されてなければ、

26：　　　値が一致していれば、
28：　　　　　“○” を表示して、
29：　　　　　ピン・ポンを鳴らす。
32：　　　間違っていたら、
34：　　　　　“×” を表示して、
35：　　　　　ブーを鳴らし、
38：　　　　　正解を表示。

ロゴの表示

・「新居浜高専」と表示するプログラムです（PCの画面に表示されます）。

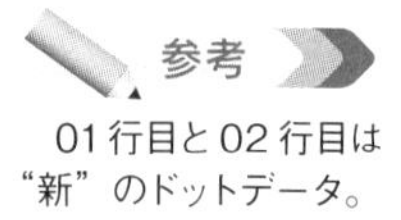

01 行目と 02 行目は“新”のドットデータ。

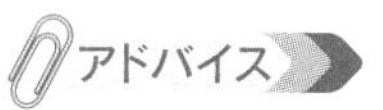

01、02、14、15 行目は、それぞれ 1 行で入力してください。

14 行目と 15 行目は“居”のドットデータ。

```
01:a[]={0x1000,0x100C,0xFEF0,0x4480,0x4480,0x2880,0xFEFE,0x1088,0xFE88,0x3888}
02:a[10]=0x5488;a[11]=0x5488;a[12]=0x9308;a[13]=0x1108;a[14]=0x1108
03:for i (15)
04:    m = 0x8000
05:    for j (16)
06:        n = m & a[i]
07:        if n != 0:
08:            send(0xE6); send(0x96); send(0xB0)
09:        else:
10:            send(0xE3); send(0x80); send(0x80)
11:        m >>= 1
12:    print()
13:print()
14:a[]={0,0x3FFC,0x2004,0x2004,0x3FFC,0x2080,0x2080,0x3FFE,0x2080,0x2080}
15:a[10]=0x4FFC;a[11]=0x4804;a[12]=0x4804;a[13]=0x8FFC;a[14]=0x8804
16:for i (15)
17:    m = 0x8000
18:    for j (16)
19:        n = m & a[i]
20:        if n != 0:
21:            send(0xE5); send(0xB1); send(0x85)
22:        else:
```

```
23:            send(0xE3); send(0x80); send(0x80)
24:        m >>= 1
25:    print()
26:print(); print()
27:a[]={0x401C,0x23E0,0x1200,0x200,0x43FC,0x2220,0x1220,0x2
20,0x1220,0x1FFE}
28:a[10]=0x2000;a[11]=0x2110;a[12]=0x4208;a[13]=0x8404;a[14
]=0x0802
29:for i (15)
30:    m = 0x8000
31:    for j (16)
32:        n = m & a[i]
33:        if n != 0:
34:            send(0xE6); send(0xB5); send(0x9C)
35:        else:
36:            send(0xE3); send(0x80); send(0x80)
37:        m >>= 1
38:    print()
39:print(); print()
40:a[]={0x100,0x100,0xFFFE,0,0x1FF0,0x1010,0x1FF0,0,0x7FFC,
0x4004}
41:a[10]=0x4FE4;a[11]=0x4824;a[12]=0x4FE4;a[13]=0x4004;a[14
]=0x4038
42:for i (15)
43:    m = 0x8000
44:    for j (16)
45:        n = m & a[i]
46:        if n != 0:
47:            send(0xE9); send(0xAB); send(0x98)
48:        else:
49:            send(0xE3); send(0x80); send(0x80)
50:        m >>= 1
51:    print()
52:print(); print()
53:a[]={0x100,0x100,0x7FFC,0x100,0x3FF8,0x2108,0x3FF8,0x210
8,0x3FF8,0x20}
54:a[10]=0xFFFE;a[11]=0x20;a[12]=0x1820;a[13]=0x420;a[14]=0
x1C0
```

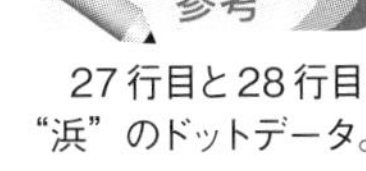

27行目と28行目は“浜”のドットデータ。

27、28、40、41行目は、それぞれ1行で入力してください。

40行目と41行目は“高”のドットデータ。

53行目と54行目は“専”のドットデータ。

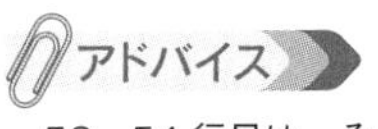

53、54行目は、それぞれ1行で入力してください。

```
for i (15)
    m = 0x8000
    for j (16)
        n = m & a[i]
        if n != 0:
            send(0xE5); send(0xB0); send(0x82)
        else:
            send(0xE3); send(0x80); send(0x80)
        m >>= 1
    print()
print()
```

BCD変換

アドバイス
"G" コマンドで実行し、VR1のツマミを回してください。

・RA0の値をprint()関数を使わないで、10進数にして表示します（BCDとはBinary Coded Decimalの略で、2進化10進数といい、10進の各桁の値を4bitの2進数で表したものです）。

参考
SW1で終了します。

```
while RB0 == 1:
    for i (4)
        a[i] = 0
    m = RA0
    for i (10)
        for j (3)
            k = j + 1
            if a[k] >= 5:
                a[k] += 3
        for j (3)
            a[j] += a[j]
            k = j + 1
            if a[k] >= 8:
                a[j]++
            a[j] &= 0x0F
        a[3] += a[3]
        if m >= 512:
            a[3]++
        a[3] &= 0x0F
```

```
20:         m += m
21:         m &= 0x3FF
22:     m = 0
23:     for i (3)
24:         if a[i] > 0:
25:             send(0x30 + a[i])
26:             m = 1
27:         else:
28:             if m == 1:
29:                 send(0x30 + a[i])
30:             else:
31:                 send(0x20)
32:     send(0x30 + a[3])
33:     send(0x0D)
34:     send(0x0A)
```

[コメント]

01：SW1を押すまで繰り返し。
02：　BCDコードを入れる配列を初期化
03：　　a[0]が1000の位、a[3]が1の位の数値
04：　RA0の値を読んでmに入れます。
05：　RA0の値は10bitなので10回繰り返し。
06：　　1の位～100の位
07：　　　の数字については、
08：　　　5以上なら、
09：　　　　3を足します。
10：　　1000の位～10の位については、
11：　　　それぞれ1bit左シフトし、
12：　　　一つ下の桁の4bit目を
13：　　　LSBに
14：　　　　入れます。
15：　　　値は4bitに制限します。
16：　　1の位については、1bit左シフトし、
17：　　LSBにmのMSB
18：　　　を入れます。
19：　　やはり、値は4bitに制限します。
20：　　mも1bit左シフトし、
21：　　値を10bitに制限します。
22：　ここから、mはリーディングゼロサプレス用のフラグ

リーディングゼロサプレスとは、確保された桁幅より桁数の少ない数値を右詰で表示する際、上位桁のゼロの表示を抑制することです。

```
1000の位の数字から10の位の数字までを出力
    もし、ゼロ以外なら、
        その桁の数値を出力し、
        その印をつけておきます。
    ゼロだったら、
        既に上位桁にゼロ以外の数字があれば、
            ゼロを出力
        上位桁も全てゼロなら、
            空白にする。
1の位の数字は常に出力
キャリッジリターン（CR）
ラインフィード（LF）
```

4目並べ

・コマを置く位置をa～dと1～4の組み合わせの2文字で指定して Enter を押します。タテ・ヨコ・ナナメのいずれかにコマが4つ並んだら勝ちです。プレイヤーが○、PCが●で、PCと対戦します。

参考

プレイヤのコマは"○"です。"●"はプログラムが自動的に決めて置きます。

アドバイス

05行目は、1行で入力してください。

```
01:for i (16)
02:    a[i] = 0
03:m = 1
04:while m == 1:
05:      send(32);send(32);send(49);send(32);send(50);send(32)
06:    send(51);send(32);send(52);send(13);send(10)
07:    for i (4)
08:        send(0x61+i); send(0x3A)
09:        for j (4)
10:            m = i << 2; m += j
11:            if a[m] == 0:
12:                send(0xE3); send(0x83); send(0xBB)
13:            if a[m] == 1:
14:                send(0xE2); send(0x97); send(0x8B)
15:            if a[m] == 2:
16:                send(0xE2); send(0x97); send(0x8F)
17:        print()
```

```
    print(); p = 0; q = 0
    for i (4)
        n = 0; k = 0
        for j (4)
            m = i << 2
            m += j
            if a[m] == 1:
                n++
            if a[m] == 2:
                k++
        if n == 4:
            p++
        if k == 4:
            q++
    for i (4)
        n = 0; k = 0
        for j (4)
            m = j << 2; m += i
            if a[m] == 1:
                n++
            if a[m] == 2:
                k++
        if n == 4:
            p++
        if k == 4:
            q++
    m = 0; n = 0; k = 0
    for i (4)
        if a[m] == 1:
            n++
        if a[m] == 2:
            k++
        m += 5
    if n == 4:
        p++
    if k == 4:
        q++
    m = 3; n = 0; k = 0
```

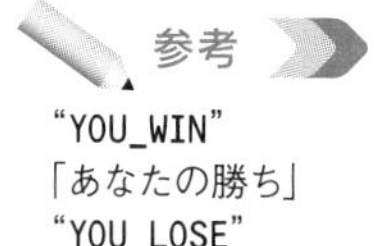

"YOU_WIN"
「あなたの勝ち」
"YOU_LOSE"
「あなたの負け」
"Your_turn"
「あなたの番」

```
for i (4)
    if a[m] == 1:
        n++
    if a[m] == 2:
        k++
    m += 3
if n == 4:
    p++
if k == 4:
    q++
if p>0:
    print("YOU_WIN"); print(); m = 0
else:
    if q>0:
        print("YOU_LOSE"); print(); m = 0
    else:
        print("your_turn....")
        m = 1
        while m == 1:
            n = KB; send(n)
            if n >= 0x61:
                if n <= 0x64:
                    p = 0x0F & n; p--; p <<= 2
            if n >= 0x31:
                if n <= 0x34:
                    q = 0x0F & n; q--
            if n == 0x0D:
                m = 0
        p += q; m = 1; print()
        if a[p] == 0:
            a[p] = 1
        p = 0x0F & RA1; n = 0
        if a[p] == 0:
            a[p] = 2; n = 1
        else:
            n = 0
            for i (16)
                if a[i] == 0:
```

```
94:                                 if n == 0:
95:                                     a[i] = 2; n = 1
96:                 if n == 0:
97:                     print("YOU_WIN"); print(); m = 0
98:                 else:
99:                     m = 1
```

[コメント]

01：コマのデータを初期化

02：　a 行：a[0]--a[3]、b 行：a[4]--a[7]、c 行：a[8]--a[11]、d 行：a[12]--a[15]

03：m: ゲーム進行中のフラグ

04：m=1 のときはゲーム進行中

05：　マス目とコマの配置を描画

06：　　　1 2 3 4

07：　　a:・・・・

08：　　b:・・・・

09：　　c:・・・・

10：　　d:・・・・

11：　　コマのないマス（a[ ]==0）は、

12：　　　"・"

13：　　プレイヤーのマス（a[ ]==1）は、

14：　　　"○"

15：　　PC のマス（a[ ]==2）は、

16：　　　"●"

17：

18：　4 目並んだかどうかのチェック
（p、q はプレイヤマス、PC マスがそれぞれ 4 つ並んだ箇所の数）

19：　横に 4 マス並んだかどうか調べる

20：　　各行のプレイヤマスの個数 n、PC マスの個数 k

21：　　各行は 4 マスずつ

22：　　　i の 4 倍が注目する行の左端マスの指標

23：　　　その行の左から j 番目のマスに注目

24：　　　そこにプレイヤのコマがあれば、

25：　　　　n を＋1

26：　　　PC のコマがあれば、

27：　　　　k を＋1

28：　　その行が 4 つともプレイヤマスなら

29：　　　p を＋1

30：　　その行が 4 つとも PC マスなら、

```
        qを＋1
縦に4マス並んだかどうか調べる
    各列のプレイヤマスの個数n、PCマスの個数k
    各列は4コマずつ
        mが注目するコマの指標
        そこにプレイヤのコマがあれば、
            nを＋1
        PCのコマがあれば、
            kを＋1
    その列が4つともプレイヤマスなら
        pを＋1
    その列が4つともPCマスなら、
        qを＋1
左上から斜めに4コマ並んだかどうか調べる
mが注目するマスの指標
    そこにプレイヤのコマがあれば、
        nを＋1
    PCのコマがあれば、
        kを＋1
    右下に移動
斜めに4つともプレイヤマスなら
    pを＋1
斜めに4つともPCマスなら、
    qを＋1
右上から斜めに4コマ並んだかどうか調べる
mが注目するマスの指標
    そこにプレイヤのコマがあれば、
        nを＋1
    PCのコマがあれば、
        kを＋1
    左下に移動
斜めに4つともプレイヤマスなら
    pを＋1
斜めに4つともPCマスなら、
    qを＋1
プレイヤのコマが4つ並んだ箇所があれば、
    プレイヤの勝ち（mを0にしてゲーム終了）
まだプレイヤのコマが4つ並んでなければ、
```

```
        PCのコマが4つ並んだ箇所があれば、
            プレイヤの負け（mを0にしてゲーム終了）
        まだ勝敗が付いてなければ、
            プレイヤの番で、
            Enterキーが押されるまで、
            入力待ち
                キーが押されたらエコーバックし、
                aから
                    dで行を指定し、
                        pがその行の左端の指標
                1から
                    4で列を指定し、
                        qが列番号
                Enterキーが押されたら
                    入力終了
            指定したマスの指標を計算し、
            そこにコマがなければ、
                プレイヤのコマを置く
            PCのコマを置く位置はCdSの電圧でランダムに決めて、
            そこにまだコマがなければ、
                PCのコマを置く
            そこに既にコマがあれば、
                左上から
                順番に調べて
                    空いたところを見つけたら、
                        そこが最初に見つかったところなら、
                            PCのコマを置く
            もし、置けるところがなかったら
                プレイヤの勝ちとしてゲーム終了（m=0）
            置けたなら、
                繰り返す（m=1）
```

付録3 モニタプログラムに内蔵のサンプルプログラム

参考

・H1 コマンド
1つ目のサンプルプログラムの説明を表示します。
・P1 コマンド
1つ目のサンプルプログラムがメモリにロードされてプログラムリストが表示されます（既にあったプログラムは上書きされて消えてしまいます）。

モニタプログラムには、サンプルプログラムが15個内蔵されています。たとえば、"H1" コマンドで1つ目のサンプルプログラムの説明が表示され、"P1" コマンドでそのプログラムがメモリにロードされてプログラムリストが表示されます。ただし、プログラムのコメントは表示されませんので、以下を参考にしてください。

アドバイス

ネストの範囲を表す行頭のインデント以外の空白は、プログラムの実行時には無視されますので、演算子や等号などの前後の空白はあってもなくても構いません。
ただし、実行スピードの観点からは、なるべく文字数を少なくするのが得策です。

サンプルプログラム（P1）

8つ並んだLEDが2進数を数えるようにカウントアップします。
SW1（RB0）を押すと終了します。

```
RA=0x30                 8つ並んだLEDを指定します。
m = 0                   カウントの初期値
while RB0==1:           SW1を押すとRB0が0になります。
    RC = 255-m              RCの0のビットのLEDが点灯します。
    print(m)                モニタに値を表示します。
    m++                     カウントアップ。
    wait(2000)              約0.4秒待ちます。
```

サンプルプログラム（P2）

右端の7セグメントLEDが0から9までカウントアップします。

```
a[]={0xC0, 0xF9, 0xA4, 0xB0, 0x99, 0x92, 0x82, 0xD8, 0x80,
0x90}
RA=0x18                 右端の7セグメントLEDを指定します。
for i in range(10)      iを0から9まで1ずつ増やしながら繰り返します。
    RC = a[i]               RCの0のビットのLEDが点灯します。
    print(i)                モニタに値を表示します。
```

```
wait(4000)                    約0.8秒待ちます。
```

サンプルプログラム（P3）

8つ並んだLEDが2進数を数えるように、SW1（RB0）を押すとカウントアップ、SW2（RB1）を押すとカウントダウン、SW3（RB2）を押すと0にクリア、SW4（RB3）を押すと終了します。

```
RA=0x30                       8つ並んだLEDを指定する。
m = 0                         カウントの初期値
while RB3==1:                 SW4を押すまで繰り返し、
    if RB0==0:                    SW1が押された場合、
        m++                           カウントアップ。
        RC = 255-m                    RCの0のビットのLEDが点灯する。
        print(m)                      モニタに値を表示する。
        while RB0==0:                 SW1が離されるまで待つ。
            wait(100)
    if RB1==0:                    SW2が押された場合、
        m--                           カウントダウン。
        RC = 255-m
        print(m)
        while RB1==0:                 SW2が離されるまで待つ。
            wait(100)
    if RB2==0:                    SW3が押された場合、
        m=0                           ゼロにクリア。
        RC = 255
        print(m)
        while RB2==0:                 SW3が離されるまで待つ。
            wait(100)
```

サンプルプログラム（P4）

可変抵抗の電圧（RA0の電圧）をA/D変換して、モニタ上にバーグラフで表示します。

8つ並んだLEDの点灯位置が移動します。

SW1（RB0）を押すと終了します。

アドバイス
VR1のツマミを回すと、A/D変換した結果をバーグラフ表示します。

```
RA=0x30                     8つ並んだLEDを指定する。
while RB0==1:               SW1が押されるまで繰り返し、
    m = RA0                     RA0の電圧をA/D変換。
    n = m >> 4                  上位6bitを取り出し（0～63の範囲にする）。
    for i in range(n++)         繰り返し回数がゼロにならないように1加える。
        print("-")                  バーを表示。
    print(m)                    バーの先に数値を表示。
    n = m >> 7                  上位3bitを取り出し（0～7の範囲にする）。
    i = 1
    i <<= n
    RC = 255-i                  8つ並んだLEDを点灯。
```

サンプルプログラム（P5）

キーボードで数値を入力してEnter、2つめの数値を入力してEnterすると、入力した2つの数値の和を表示します。

数値はunsigned int（16bit）型で扱える範囲にしてください。

```
m=1; i=0                    iは最初は0
while m==1:                 mが0になるまで繰り返し、
    n = KB                      キーバッファの値を読む。
    if n>=0x30:                 数字キーが押された場合、
        if n<=0x39:
            j = i << 3              iの値を10倍し、
            i <<= 1
            i += j
            k = 0x0F & n
            i += k                  iの1の位を押された数字にする。
    if n==0x0D:                 Enterキーが押されたら、
        print(i)                    1つ目の数値を表示し、
        print("+"); print()         ＋の記号を表示して改行。
        m = 0                       繰り返し終了。
p = i                       1つ目の数値をpにメモ。
m=1; i=0
while m==1:                 2つ目の数値を読み取る。
    n = KB
```

```
    if n>=0x30:
        if n<=0x39:
            j = i << 3
            i <<= 1
            i += j
            k = 0x0F & n
            i += k
    if n==0x0D:
        print(i)
        print("="); print()
        m = 0
q = i                    2つ目の数値をqにメモ。
print(p+q)               2つの数値の和を表示する。
```

サンプルプログラム（P6）

キーボードで数値（65535以下）を入力してEnterを押します。
その数値の平方根の近似値（整数）を表示します。

```
m=1; i=0                     サンプルプログラム5と同様の手順で、
while m==1:                  数値を読み取り。
    n = KB
    if n>=0x30:
        if n<=0x39:
            j = i << 3
            i <<= 1
            i += j
            k = 0x0F & n
            i += k
    if n==0x0D:
        print("square_root_of_")
        print(i)
        m = 0
i >>= 1                      その値を半分にして、
m = 1                        1からmまでの和がその値に達するまで、
while i >= m:                    mを1ずつ増やす。
    i -= m
```

```
    m++
print("is_about_")
print(m)                    結果を表示。
```

サンプルプログラム（P7）

タッチポイント（TP1）を触ると、8つ並んだLED（D4～D11）の点灯が切り替わります。

SW1（RB0）を押すと終了します。

```
m = 0xF0                    下位 4bit を点灯するデータ。
RA = 0x30; RC = m           8 つ並んだ LED を指定。
while RB0==1:               SW1 を押すまで繰り返し、
    if RB5==0:                  TP1 に触れると RB5 が 0 になることがある。
        m ^= 0xFF                   上位 4bit と下位 4bit の点灯を入れ替え、
        RC = m
        while RB5==0:               チャタリング防止のため少し待つ。
            wait(1000)
```

サンプルプログラム（P8）

電子サイコロです。

SW1（RB0）でスタート／ストップ、SW2（RB1）を押すと終了します。

```
a[]={0xBF, 0xF6, 0xB6, 0xD2, 0x92,
    0xC0}                   サイコロの目の点灯データ。
RA = 0x20                   サイコロ LED を指定。
m = 1; n = 1; i = 0         m が 1 のときルーレット表示、0 で停止。
while RB1==1:               SW2 を押すまで繰り返し、
    if m==1:
        i++
        RC = 255 - n            サイコロの外側 6 個の LED を順に点灯。
        n += n
        if n > 32:
            n = 1
    if RB0==0:              SW1 が押されたら、
```

```
        i %= 6                  i を 6 で割った余りを求め、
        RC = a[i]               それを サイコロで表示。
        m ^= 1                  ルーレットの表示／停止を入れ替え、
        while RB0==0:           チャタリング防止のため少し待つ。
            wait(1000)
```

サンプルプログラム（P9）

1～8のキーを押すと、ドレミファソラシドが鳴ります。
8つ並んだLED（D4～D11）も、押した位置が点灯します。
スペースキーで終了します。

アドバイス

"G" コマンドで実行し、PC のキーボードの1～8で"ドレミファソラシド" が鳴ります。

```
RA = 0x30; RC = 255           8 つ並んだ LED を指定。
SON                           発音可にする。
m = 0
while m != 0x20:              スペースキーが押されるまで繰り返し、
    m = KB                        キーバッファの値を読み取る。
    if m==0x31:                   1 のキーが押されたら、
        SDo1; RC=0x7F                 下のドを鳴らす。
    if m==0x32:                   2 のキーが押されたら、
        SRe; RC=0xBF                  レの音を鳴らす。
    if m==0x33:                   3 のキーが押されたら、
        SMi; RC=0xDF                  ミの音を鳴らす。
    if m==0x34:                   4 のキーが押されたら、
        SFa; RC=0xEF                  ファの音を鳴らす。
    if m==0x35:                   5 のキーが押されたら、
        SSo; RC=0xF7                  ソの音を鳴らす。
    if m==0x36:                   6 のキーが押されたら、
        SRa; RC=0xFB                  ラの音を鳴らす。
    if m==0x37:                   7 のキーが押されたら、
        SSi; RC=0xFD                  シの音を鳴らす。
    if m==0x38:                   8 のキーが押されたら、
        SDo2; RC=0xFE                 上のドの音を鳴らす。
SOFF                          終了時には発音停止にする。
```

 サンプルプログラム（P10）

チャイムの音が鳴ります（RB3を1にすると、余韻が長くなります）。

チャイムが鳴り止むと、自動的に終了します。

```
SON
SSo; RB3=1
wait(4500)
SSi; RB3=1
wait(4500)
SRa; RB3=1
wait(4500)
SRe; RB3=1
wait(4500)
wait(4500)
SSo; RB3=1
wait(4500)
SRa; RB3=1
wait(4500)
SSi; RB3=1
wait(4500)
SSo; RB3=1
wait(4500)
wait(4500)
SSi; RB3=1
wait(4500)
SSo; RB3=1
wait(4500)
SRa; RB3=1
wait(4500)
SRe; RB3=1
wait(4500)
wait(4500)
SRe; RB3=1
wait(4500)
SRa; RB3=1
wait(4500)
SSi; RB3=1
wait(4500)
```

```
SSo; RB3=1
wait(4500)
wait(4500)
wait(4500)
SOFF
```

サンプルプログラム（P11）

サイレン音が鳴ります。
SW1（RB0）を押すと音程が下がり、離すと上がります。
SW2（RB1）を押すと終了します。

```
SON                         発音可にする。
RB2=0; RB3=1                減衰音にしない。
m = 35000                   TMR1 の初期値の最小値。
SP = m                      TMR1 の初期値を設定する。
while RB1==1:               SW2 が押されるまで繰り返し、
    n = 65000 - m               65000 との差を求め、
    n >>= 8                     それに応じて増減量を決め、
    if RB0==1:                  SW1 が押されてなければ、
        m += n                      TMR1 の初期値を増加させ、
    else:                       押されていれば、
        m -= n                      減少させる。
    if m > 60000:               TMR1 の初期値の最大値は 60000 に制限。
        m = 60000
    if m < 35000:               最小値は 35000 に制限。
        m = 35000
    SP = m                      TMR1 の初期値を設定する。
SOFF                        終了時には発音停止にする。
```

サンプルプログラム（P12）

CdSを手で覆（おお）って暗くすると音が高くなります。
SW1（RB0）を押すと終了します。

```
SON                         発音可にする。
```

```
RB2=0; RB3=1            減衰音にしない。
while RB0==1:           SW1 が押されるまで繰り返し、
    m = RA1 << 5            RA1 の電圧（CdS の電圧）を 32 倍。
    if m > 25000:           最大値を 25000 に制限。
        m = 25000
    SP = m + 40000          TMR1 の初期値を設定する。
SOFF                    終了時には発音停止にする。
```

サンプルプログラム（P13）

マイクに大きな音を入れるとフルカラー LEDの色が変わります。
SW1（RB0）を押すと終了します。

```
m = 0
RA = 0x28; RC = 255     フルカラー LED を指定。最初は消灯。
while RB0==1:           SW1 が押されるまで繰り返し、
    if RA2==1:              マイクに大きな音が入ると RA2 が 1 になる。
        m++                     色を変えて、
        m &= 7                  0 ～ 7 に制限して、
        RC = 255 - m            フルカラー LED を点灯。
```

サンプルプログラム（P14）

文字とそのアスキーコードを表示します。

```
for i in range(96)      0x20 ～ 0x7F までの 96 種類。
    send(i + 0x20)          アスキーコードを送信して対応する文字を表示。
    send(0x20)              スペースを表示。
    send(0x3A)              : を表示。
    send(0x20)              スペースを表示。
    print(i + 0x20)         その数値を表示。
```

サンプルプログラム（P15）

押したキーのアスキーコードを、8つ並んだLEDの点灯で表示します。Enterで終了します。

```
m = 1; RA = 0x30          8 つ並んだ LED を指定。
while m==1:               Enter キーが押されるまで繰り返し、
    n = KB                    キーバッファの値を読み取る。
    if n > 0:                 キーが押されていたら、
        send(n)                   そのアスキーコードをエコーバック。
        RC = 255 - n              8 つ並んだ LED の点灯パターンで表示。
    if n == 0x0D:             Enter キーが押されたら、
        m = 0                     繰り返し終了。
print()                   改行して、
print("***Finish***")     終了メッセージを表示。
```

部品の入手先

本書で製作に使った部品の入手先は下記となっています。

なお本書に掲載した部品の情報は、本書の執筆・製作時（2023年1月～2月）のものです。変更・終売になっていることがありますので、「(株) 秋月電子通商」のwebサイト、HPにて最新の情報をご確認ください。

また、通信販売での購入方法、営業日、休業日、定休日も、webサイト、HPでご確認ください。

（株）秋月電子通商

秋葉原店： 〒101-0021 東京都千代田区外神田1-8-3 野水ビル1F
TEL：03-3251-1779

営業日、定休日、休業日、通販での注文・購入方法等に関しまして、下記URLのホームページにてご確認ください。

ホームページ： https://akizukidenshi.com/

【入手可能部品（通販可）】

新居浜高専PICマイコン学習キットVer.3、新居浜高専PICマイコン学習キットVer.2、PICマイコン各種、FT234X超小型USBシリアル変換モジュール、FTDI USBシリアル変換ケーブル、ACアダプタ。

各種工作キット、電子工作関連商品、工具、液晶表示器、抵抗、コンデンサ、セラミック振動子、オペアンプIC、PICプログラマキット、ピンヘッダ、電池ボックス、ブレッドボード、ブレッドボード・ジャンパーワイヤ、micro:bit、Arduino、Raspberry Pi 他

参考文献

・“PIC16(L)F1885X/7X Data Sheet”，DS40001768A
（Microchip Technology Inc.）

索 引

記号

数字

欧文

ナ行

ハ行

マ行

ラ行、ワ行

■ 著者略歴

出口 幹雄 Mikio Deguchi

1960年　大阪で生まれる。
1983年　京都大学工学部電子工学科 卒業
1985年　京都大学大学院工学研究科電子工学専攻 修士課程修了
　　　　三菱電機株式会社入社
1995年　新居浜高専 電子制御工学科 講師
2002年　『新居浜高専 PIC マイコン学習キット』の元となる電子工作教材を開発
2003年　京都大学博士（工学）
　　　　新居浜高専 電子制御工学科 助教授
2005年　『新居浜高専 PIC マイコン学習キット（ver.1）』が（株）秋月電子通商から発売
2006年　新居浜高専 電子制御工学科 教授
2014年　『新居浜高専 PIC マイコン学習キット Ver.2』発売（（株）秋月電子通商）
2022年　『新居浜高専 PIC マイコン学習キット Ver.3』発売（（株）秋月電子通商）
2023年　新居浜高専名誉教授・明石高専嘱託教授

カバーデザイン ◈ 小島トシノブ（NONdesign）
カバーイラスト ◈ 大崎吉之
本文・帯イラスト ◈ 田中斉
本文デザイン・組版 ◈ SeaGrape

新居浜高専 PIC マイコン学習キット Ver.3 完全ガイド

2023年5月4日　初　版　第1刷発行

著　者　出口 幹雄
発行者　片岡　巌
発行所　株式会社技術評論社
　　　　東京都新宿区市谷左内町 21-13
　　　　電話　03-3513-6150　販売促進部
　　　　　　　03-3267-2270　書籍編集部
印刷／製本　昭和情報プロセス株式会社

定価はカバーに表示してあります。

ISBN978-4-297-13470-9　C3055

Printed in Japan

■お願い

本書に関するご質問については、本書に記載されている内容に関するもののみとさせていただきます。本書の内容と関係のないご質問につきましては、一切お答えできませんので、あらかじめご了承ください。また、電話でのご質問は受け付けておりませんので、FAX か書面にて下記までお送りください。

なお、ご質問の際には、書名と該当ページ、返信先を明記してくださいますよう、お願いいたします。

宛先：〒162-0846
東京都新宿区市谷左内町 21-13
株式会社技術評論社　書籍編集部
「新居浜高専 PIC マイコン学習キット Ver.3 完全ガイド」係
FAX：03-3267-2271

ご質問の際に記載いただいた個人情報は、質問の返答以外の目的には使用いたしません。また、質問の返答後は速やかに削除させていただきます。

■ご注意

本書に掲載した回路図、プログラム、技術を利用して製作した場合生じた、いかなる直接的、間接的損害に対しても、弊社、筆者、編集者、その他製作に関わったすべての個人、団体、企業は一切の責任を負いません。あらかじめご了承ください。